ちくま学芸文庫

記号論

吉田夏彦

筑摩書房

目次

記号論

まえがき

「記号」ということばは、ひろくもせまくも、実にさまざまな意味につかわれることばである。したがって記号論といわれるものにもさまざまな種類があることになろう。特定の分野でつかわれる記号体系についての議論は、その分野についての専門的な知識を必要とするし、その分野に固有の事情を考慮したものとなるため、一般の人には近づきにくい。たとえば、通信技術に関連した記号論は、「情報の数学的理論」などとも呼ばれているために、記号論とは無縁のものと思う人もあるようだが、それなりの含蓄に富む立派な記号論である。しかし、一般の人には、そのための専門的な数学的知識がさまたげとなって近づきにくいであろう。

この本は、同じ名前の放送大学の講義にともなう印刷教材として書かれたものであるが、放送とは独立にも読めるように、この本だけで筋は通してある。この講義をとる方々の、職業、年齢などがさまざまであることを考え、特定の分野についての予備知識を必要とする話はしないことにした。ただし、せまい意味での記号についての話とみえるものからでもかなり普遍的な問題がひきだせることを知って貰うために、入門はごく簡単にできると思われる記号体系、すなわち論理記号についての解説から話を始めた。しかし論理学の本ではないのだから、記号論との関係に主眼をおき、記号恐怖症の人にも近づきやすいように多少ともこみいった記号操作は極力さけるようにし、例もごく簡単なものばかりにした。その上放送の方では論理学のことにはしろうとの方に毎回相手として出て頂き、必要に応じ、受講者にかわって質問して頂くというようにしたので、論理記号のことなど生れてから一度もきいたことさえないという人にもたやすく入れる内容になっていると思う。この話が始の6章である。

次の4章では、そこまでのところでのべたことを参考にしながら、ことばやそのほかのひろい意味での記号に関連した話をする。これに続く部分は、放送の方では四回にわたりゲストの方にそれぞれの専門分野に関連する記号のお話をして頂いている。放送の強みを生かし、さまざまな視覚的な材料が出て来るようにした。本の方でも、勿論関連したことをのべてはいるが、放送をみない人にも話がつながるようにしてある。最後の章で全体のまとめをする。

構成はこのようになっている。読通せば気がつくことと思うが、全体としてのねらいの一つは、記号についての常識的な考え方に疑問を持つことをおぼえて貰うことである。常識的な考え方には、勿論それなりの価値があり、それが役に立つことも多いのだが、時々、それが無制限にいつもなりたつものかどうかを反省してみることもよいのではなかろうか。たとえば心についてどう考えるべきかという問題をとく手がかりは、記号と心とについての常識を検討してみるところからえられるであろう。この種の問題は哲学的なもの、つまり、最終的には自分で解答をみつけるもので、万人向きの一義的な答はない。しかし、読者がその努力をする時のいとぐちを提供したいというのがこの講義のねらいである。

この本を読終った読者でこのさき記号について考えてみたいという人には、自分に関係の深い記号のことを中心にすることをすすめたい。その時主題になる記号は人によってさまざまであろうから、特に参考文献のようなものは指定しない。今、書店には「記号論」あるいはこれに類する題の書物はあふれているからそういうものを好みにまかせて手にとってみることももちろんよいであろう。哲学的なもの、あるいは語学関係の著者で哲学的な関心のある人の書いたものは概して抽象的な表現が多く、難解な感じがするが、そういう文体にひかれる人にはそういうものもよいのかも知れない。「……の記号学」式の題のものには、特定のジャンルのものごとについて常識的なものとは大分ちがう着眼点から新しい解釈をしているものがある。論理学の成果の中にも記号の問題について示唆に富むものが多いのだが、この頃論理学者以外の人がこれを援用する時には誤解しているようにみえる面がなしとしない。その方面に興味のある人には論理学の初歩を実際に勉強してみることをすすめたい。論理学の書物の数もおびただしいので、特にどの本ということはいわないが、放送大学の講義の中にも論理学関係のものがあることだけいいそえておこう。

終に、お忙しい中を放送の方への御出演を快く引受けて下さり、多くのことをお教え頂いた、高野禎子、片山千佳子、日江井榮二郎、石黒正人の諸先生、毎回講義の時の相手をつとめて下さった眞船えりさん、番組の制作でお世話になった、小町真之ディレクターを始とする放送教育開発センター関係の方々、に厚くお礼を申上げたい。

一九八九年二月

吉田夏彦

第1章　変項

1　記号とは何か

記号の例をあげてみよ、といわれると、数学で使われる積分記号∫とか、化学で使われる元素記号、たとえば、鉄にあたるFeとか、あるいは楽譜で使われる高音部記号𝄞とかいったものを例にあげる人が多い。こういった記号は何かを指示しているものと思われるという点で、漢字、あるいは単語、に似てはいるが、日常生活でつかわれている漢字やことばにくらべると、多少、あらたまった感じを与える。たとえば∫のような記号は、微積分の初歩を知らないと、その使い方も意味もわからない。しかし、微積分のことは少しも知らなくとも、ふだんのくらしはつづけて行ける人は多いであろう。つまり、記号というものは、一つの専門分野で使われる、特別な文字、あるいは術語のようなものだ、と考えられることが多いものである。

この考え方はあながちまちがったものとはいいきれない。実際、こうした限定を受けたかたちで「記号」ということばが使われることも、よくあることである。しかし、その一方では、もっと広い意味にこのことばを使うこともある。その時には、漢字、仮名、アルファベット、単語、語句、文章といったものも記号の仲間に数えるが、それだけではなく、表情、動作、といったものも記号だとすることもある。さらには、芸術作品、建築物、庭園、も記号に数えられることがある。要するに、何かを表しているもの、指しているもの、はすべて記号だということになることがある。もっと広い意味では空に浮ぶ雲のたたずまいのように、人間、あるいはそのほかの生物が意図的に作ったのではないものも、たとえば明日の天気の予兆とみられる時には、記号だとしてあつかわれることもある。

記号について論ずる時に、「記号」ということばの意味をこのようなきわめて広いものにとっておいた上で議論を進めて行くやり方もある。この本は、放送大学の「記号論」という題の番組のための印刷教材の役をするためのものであるが、この番組の前身である「記号と人間」およびその印刷教材として刊行された同名の書物では、このやり方をとっていた。しかし、この本では、行き方をかえ、ごくせまい意味で「記号」と呼ばれるものの一例、論理記号をとりあげ、その役割を論ずることから話を始めて行くことにする。このように限定された例についての話からも、広い意味での記号一般と関連する議論がひき出せることがあるのである。

2 変項

論理記号と呼ばれるものの種類はそう多くはない。この第1章では、その中から、「変項」と呼ばれるものを紹介する。この「変項」という名前にはあまりなじみがない人も多いと思うが、この名前で指されるものは、「あ、い、う、え、お、か、き、く、け、こ……」のような仮名、あるいは「甲、乙、丙、丁……」のような漢字、または「a、b、c、d……」のようなアルファベット、などのような、だれにでもみなれたものであることが多い。しかし、こういった字は、たとえば仮名の場合なら、「あか」「あき」といった単語をつづるのに使ったり、「早い」といった例でのように漢字の送り仮名に使ったりするのがふつうである。それに対して、「変項」と呼ぶ時には、別のつかい方をする。たとえば、

これは赤い花である　（1）

という文の、「花」を「a」でおきかえて、

これは赤いaである　（2）

という表現をつくったとする。これは、ふつうは、完結した意味が持てない表現である。なぜなら、「a」が一体何を指しているのかはっきりしないからである。（1）のように、「a」を「花」でおきかえてあれば、意味ははっきりする。「花」のかわりに、「実」「旗」「家」「鳥」などで（2）の「a」をおきかえても意味のさだまった文ができる。逆にいえば、ここでの「a」は、意味のさだまった文の一部をそれでおきかえて、わざと意味が不完全な表現をつくるためのものである。このような使い方をする時の「a」のような文字のことを「変項」というのである。

では、なぜ、わざわざ、字を変項として使うのかといえば、それは、表現の形式をとり出すためにである。たとえば次のようなごく短い論証を考えてみよう。

人間はだれでもまちがいをおかす

ホメロスは人間である

だからホメロスもまちがいをおかす　（3）

これが正しい論証、つまり、二つの前提が正しいかぎり結語も正しくなるものであることは、だれにも直観的にわかることと思う。ところで、この論証では、古代ギリ

シヤの大詩人ホメロスのことが話題になっているが、ホメロスではなく、弘法大師についても似たような論証が成立する。つまり

人間はだれでもまちがいをおかす
弘法大師は人間である
だから弘法大師もまちがいをおかす　（4）

は、やはり正しい論証である。それだけではなく、「ソクラテス」、「孔子」、「リンカーン」などといった名前、あるいは、歴史上の人物の名前にはかぎらず、現在の任意の有名、無名の個人の名前、を持出しても似たような論証が書ける。つまり

人間はだれでもまちがいをおかす
aは人間である
だからaもまちがいをおかす　（5）

という表現の「a」のところに任意の人名を代入すると、つねに正しい論証がえられるのである。いいかえれば、（5）は、論証の形式であり、この形式があてはまる論証は、みな、正しい論証である。

3 論理学

論証には、数学の教科書で程度の高いもののなかに出てくる定理の証明などのように、きわめてながく、こみいったものもある。しかし、そういう論証でも、もし、それが正しいものであれば、これを分析することにより、ごく短い論証（しばしば「推論」と呼ばれる）のつみ重ねのかたちに書きかえることができる場合が多い。そうして、短い論証、つまり推論、の中で正しいものについては、かぎられた数の形式のどれかがあてはまることが多い。このことに、二千年あまり前に気づいた人達が、インドやギリシヤにいた。そういう人達は、この形式がいくつあるか、また、何等かの条件で、この形式が分類できないか、ということを考えた。その結果、おこったのが、「論理学」と呼ばれる学問である。すなわち、論理学とは、正しい推論の形式の整理・分類から始めて、論証の形式や、理論の論理的な構造などの研究をおこなう学問である。昔は哲学の一分科とされていたが、近頃では、その研究方法が数学の方法と似てきたために、時々は、数学の一部門に数えられることもある。数学と哲学との中間にある学問といった方がよいかも知れない。その成果の一部はコンピュータ関係の学問にも利用されることがある。

さて、この論理学では、推論の形式を示すのに変項を使う。その一例が（5）である。この（5）の中の「まちがいをおかす」を「b」でおきかえると

人間はだれでもb
aは人間である
だからaもb　（6）

という形式ができる。この形式の「a」に任意の人名、「b」に、性質をあらわす任意の表現、たとえば「命が惜しい」とか、「幸福になりたい」とかを代入すれば、やはり、常に正しい推論がえられることはたやすく察せられるであろう。この時、推論の正しさとは、「前提の正しいかぎり結論が正しくなる」ことであることに注意しよう。人間の中には命は全然惜しくない人もいるかも知れない。もしそうだとすれば、

人間はだれでも命が惜しい　（7）

は正しくない文だということになる。しかし仮に（7）が正しくないとしても

人間はだれでも命が惜しい
ソクラテスは人間である
だからソクラテスも命が惜しい　（8）

は、前提が正しいかぎり結論も正しくなるという意味では、やはり正しい推論である。

さて「人間はだれでも」は、「すべての人間は」といいかえることができる。この「すべての人間は」の「人間」を「c」でおきかえて、

すべてのcはb

aはcである

だからaはb　（9）

とすると、やはり正しい推論の形式がえられる。「c」には、「人間」「犬」「猫」「哺乳類」「木」「草」「花」「動物」「星」「雲」「数」のような、ものの種類をあらわすことば、つまり英文法で「普通名詞」と呼ばれる単語にあたる日本語の単語、を代入するものとする。たとえば

すべての猫はかつおぶしを好む

玉は猫である

だから玉はかつおぶしを好む　（10）

は、（9）の形式のあてはまる、正しい推論である。この（9）の「a」には、人名だけではなく、生物の個体を指す表現、一般に個物を指す表現を代入することができる。たとえば、

すべての休火山はいつかは火をふく

富士山は休火山である

だから富士山もいつかは火をふく　(11)

も、(9)の形式があてはまる、正しい推論の例になるであろう。

4　変数

変項をつかって形式が示せるのは、推論ばかりではない。たとえば

$$(a+b)^2=a^2+2a\cdot b+b^2 \quad (12)$$

は、小説にも出てくる、有名な数学の公式である。この公式の「a」や「b」のところに、任意の数をあらわす表現、を代入すると正しい式がえられる。たとえば

$$(2+3)^2=2^2+2\cdot 2\cdot 3+3^2 \quad (13)$$

$$((2+3)+\sqrt{2})^2=(2+3)^2+2\cdot(2+3)\cdot\sqrt{2}+\sqrt{2}^2 \quad (14)$$

は、いずれも正しい式である。つまり、(12)の「a」や「b」は、そこに数をあらわす表現を代入すれば正しい式がえられるという意味で、一連の正しい式に共通の形式をあらわすための「変項」なのである。

また、

$x^2-3x+2=0$　を解け　　　　　　　　(15)

という問題は、

$x^2-3x+2=0$　という条件をみたす数をもとめよ　　(16)

という意味の問題である。答の候補者としての2、1、3についてしらべてみると、

$2^2-3\cdot2+2=0$　　　　　(17)

$1^2-3\cdot1+2=0$　　　　　(18)

$3^2-3\cdot3+2=2\neq0$　　　　　(19)

であるから、2、1は

$x^2-3x+2=0$　　　　　(20)

という条件をみたし、3はみたさないことがわかる。この(20)で、「x」は、数のみたすべき条件の形式をあらわす役目をしているのである。(12)や(20)にみられるような、数に関係した変項のことを「変数」という。数学では変数を使うことが非常に多い。そこで数学の方から論理学の方に入って来た人達の中には、変項のことをすべて「変数」と呼んでいる人もいる。

以上の例からわかるように、変項の活躍するのは、論理学や数学、および数学を利用する学問（物理学、数理経済学など）、においてである。しかし、こういった専門

とは直接関係のない、日常生活の場面でも、変項を使っていることがあるのである。

5 噂話と筋書

たとえば、噂話のことを考えてみよう。他人の失敗についてかげで噂話をするのは、あまり品のいいことではない。そうして、そのことが、当人にきこえたら、当人は不愉快な思いをするであろう。だから、「噂話はしないにこしたことはない」と考えている人もいる。しかし、その失敗があまり面白い失敗だと、つい噂話の材料にしたくなるのも人情である。その時、なるべく当人をきずつけないようにしたかったら、主人公の名前はふせるのがよい。そのための工夫として、「Aさんという人がいてね、そのAさんが……」といういい方をする時がある。その際の、「A」は変項の役割をしている。つまり、噂をする時の目的が面白い失敗の紹介にあり、その主人公の名前はどうでもいいという時に、変項として「A」「B」「甲」「乙」といった字（を声に出していったもの）がつかわれる。同じ失敗をした人はほかにもいるかも知れない。だから「Aさんという人がいてね、そのAさんが……」式のいい方は、いわば、そういった失敗に共通の形式を示すためのものともいえるのである。

西洋小話などに登場する「ジョン」「メアリー」などの人名も、実在の特定の個人を指すためのものではなく、変項としてつかわれているものとしてよいことが多い。その証拠に、「ジョン」を任意の男性名、「メアリー」を任意の女性名でおきかえても、小話の筋はそのままになっていることが多い。一般に、話の筋書だけをつたえたい時には、固有名詞を変項でおきかえることがよくあるのである。神話、伝説などで、それぞれちがった文化圏で採集されたものでありながら筋がよく似ているものがある。この共通の筋を示すのに、「aという英雄が怪物bを退治にいく途中で美しい姫cに出会い、……」といった形式をつかうこともできる。

こういった例を考えてみれば、変項は、必ずしも日常生活からかけはなれたところでばかりつかわれるものとはかぎらないことがわかるであろう。

6 代名詞

日常生活でつかわれることばの中で、「代名詞」と呼ばれているもののはたらきは、変項に似ているといわれることがある。たとえば

(21) 彼と彼女は夫婦だ

といっただけでは、「彼」や「彼女」がそれぞれ、だれを指すのか、わからない。それぞれを、固有名詞、あるいはそのほかの、特定の人物を指すための表現でおきかえ、たとえば

角の酒屋の主人とマリリン・モンローは夫婦だ　(22)

とでもすれば、意味のさだまった文章になる。だから、(21)は、それだけをとりあげたのでは、(22)を一例とする無数に多くの文章に共通する形式を示すものととることもできる。この時には、たしかに、「彼」や「彼女」は、変項としてはたらいている。

しかし、普通は、(21)だけを単独に会話や文章の中で使うことはしない。一つづきの文脈の一部として(21)は使われることが多いのであり、その時には、「彼」や「彼女」がそれぞれ、だれを指すのか、わかるのがふつうである。つまり、その時には、(21)は文の形式ではなく、意味がさだまった文になっている。特に、その文脈の中で先行する文の中に、その男女をそれぞれ指定する表現が入っていることもよくある。こういう時には、「彼」や「彼女」は、その先行する表現をそのまままくり返して話がくどくなるのをさけるために、そういった表現の代用品として使われているのであり、ここから「代名詞」という名もきたのであろう。

しかし、代名詞は、いつも先行する名詞（的な表現）の代用品であるとはかぎらない。たとえば

これは、まだ人間の中でだれもみたことがなかったものだ　（23）

などという時の「これ」は、「指示代名詞」と呼ばれているが、（23）がつかわれるような状況では、「これ」でさされているものには、名前などまだついていないのがふつうであろう。それでもその状況にいあわせている人は、（23）を使う人が、「これ」で眼前の得体の知れないものを指していることはわかる。だから、（23）も実際につかわれる状況では、意味がさだまった文である。

要するに、代名詞とよばれている表現が登場する文章は、実際に使われる場面では、意味がきまっているものであって、形式ではない。これに反して変項の方は、文の形式を示すのにつかうのだから、これが登場する表現は文にかたちが似ていても、意味がわざと不定のままにしてある部分をふくむのがふつうなのである。だから、変項と代名詞とは区別しておいた方がよいのである。

第2章　形式と抽象

1　抽象と捨象

前章では、文の形式、推論の形式というういい方を使った。たとえば（5）は、（3）や（4）を例とする、無数に多くの推論に共通の形式を示すものだった。このように、複数のものに共通するすがた（象）をひき出す（抽出す）はたらきのことを、「抽象」という。今の例では抽象されたものは、形式である。別の例をあげると、数も抽象と関係しているといえる。たとえば、「三個の机」、「三個の椅子」、「三匹の豚」、「三人の少女」などという時の「三」は、それぞれ三個のものをふくんでいる、机の組、椅子の組、豚の群、少女の群、に共通な点を抽象することにもとづいてつかわれている。机、椅子、豚、少女、には、手でさわれる物体であるという共通点があり、これから、この四つの組の共通点をひきだすこともできよう。つまり、「どの組に入っているものも物体である」というのも、「入っているものの個数は三である」というのとは別の共通点になる。しかし、「三」は「5、4、$\sqrt{2}$、とここに三つの数があるとして……」などというい方にみられるように、物体ではないもの（この例では数）の組についてもつかわれる。つまり、「三」ということばは、それぞれのものの持つ別の共通点、あるいはそれぞれのものの持っている個別的な性質のことは無視したい方の中で使われる。このように、抽象の際、注目している共通点以外のものを無視することを捨象という。「捨」の字は、無視することを、「捨ててかえりみない」ともいえることからきたものである。抽象と捨象とは、一つの同じはたらきの両面である。

抽象は、くりかえして行うことができる。たとえば、「犬」ということばは、すでに抽象の結果、できたものといえよう。「犬」とよばれる個々の動物には、コップに入るほど小さなものから、子牛ほどもある大きなものまであり、毛の色、身体のながさ、習性、も実にさまざまである。しかし、そういったもののすべてに共通する点を直観的にとらえる力が人間にあればこそ、その点を抽象して「犬」という名前を使うようになったのであろう。もっとも、この直観的にとらえられたものをことばでいいあらわすことは必ずしもたやすくはない。むしろ、ほとんど不可能といってよいであろう。けれども、とにかく、多くの実にさまざまな姿、性質の個体をひとしく「犬」と呼ぶという習慣の背後に、直観にもとづいた抽象があることは否定できないと思われる。

さて、犬と猫とは大分ちがった種類の動物である。しかし、犬、猫、猿、人、獅子、虎などを一つの組に入れ、他方の組に、鰯、鮭、鱈、鰊などを入れておくと、それぞれの組に入っている種類に共通点があるようにみえる。ここから、「獣」ということばや、「魚」ということばができたと思われる。ここでは、二回目の抽象がおこなわれている。もう一回抽象をおこなうと、「動物」ということばができる。これは、「植物」に対することばである。このように抽象をくりかえすことを、「抽象の梯子をのぼる」「抽象の階段をのぼる」ということもある。

この抽象の階段の段は、もっと小きざみにつけることもできる。たとえば、犬が非常に多くの種類にわかれることはよく知られている。そうして、「秋田犬」なら、「秋田犬」というのは、これにふくまれる個々の犬の共通点に眼をつけるところから、つまり一つの抽象によってつくられた名前である。これは、抽象の梯子でいえば、個体と犬との中間の段にある種類につけられた名前である。

また、犬の種類をわけるのに、「家族の一員として飼うもの」「番犬」「羊の番をさせるもの」「狩に使うもの」などと、用途別におこなうこともある。この例でもわかるように、抽象は、必ずしも一とおりのやり方でおこなわれるとはかぎらない。

とにかく、抽象のはしごをのぼるにつれて、つかわれる名前でさされるもののイメージは具体性にとぼしくなる。捨象がどんどんおこなわれているからである。絵の方で「抽象画」と呼ばれるものは、必ずしも画家の抽象によってかかれたものとはかぎらない。画家にとっては正にその画だけが表現できるという意味できわめて生き生きとした心像があったのかも知れない。しかし、見る方からすると、現実に存在している、人、花、風景といったものに似たものが何一つ見えず、色のかたまりと形があるだけなので「抽象画」ということになるのだろう。つまり、「抽象的」ということばは、「具体的ではない」「見なれないものである」などといった意味につかわれることもあることばである。前章の始にとりあげた、主として専門家のあいだで通用するような記号も、専門家ではない人達からは「あまり見なれないものだ」という意味で、「抽象的な記号だ」といわれることがある。

専門分野でつかわれる術語の中には、分析してみると、抽象の階段をきわめて高くまでのぼりつめることによってえられているものが多い。しかも、この階段をのぼるには、動物の個体をみて「犬だ」と判断する時にだれでもつかっているような直観だけでは不十分で、その分野での訓練を必要とすることが多い。だから、こういった術語、あるいはこれをあらわすための特別の記号が、一般の人々からは、とりつきにくい、見なれないもの、とうつるのは無理もない。そこで、こういった記号は、抽象の高い段階を背後にひかえていることと、日常生活はかけはなれていることとの、二重の意味で「抽象的」な記号なのである。

これに対して、論理記号の方は、論理学にくわしくない人々にとっては「見なれない」という意味での「抽象的なもの」かも知れないが、実は日常生活でのことばのつかい方にきわめて近いところにあるものであり、その基本的なつかい方をおぼえるのには、特別な訓練は必要としない。そのことは、変項の例では明かであろう。「変項」という名こそ術語的な感じがするかも知れないが、噂話の例をひいた説明のことを思い出してもらえば、つかい方はすぐにのみこめると思う。

2　形式

抽象の例をひく時には、「犬」とか「花」とかいった、生物の種類があげられることが多い。前節でもそういう例をあげた。しかし、この章は、多くの推論に共通の形式を抽象することについての話から始まったのだった。それでは、形式とは一体、どんなものであろう。

「形式」ということばをやわらかくいうと「かたち」である。「かたち」ということばは、「人の顔のかたち」「花のかたち」「自動車のかたち」「三角形というかたち」などといったぐあいに、目にみえるものについてつかうことが多い。そうして、たとえば「まるがお」というのは、顔のかたちをいうためのことばであるが、まるがおの人はいくらでもいる。つまり、このかたちの顔をしているという共通点に眼をつけるという抽象のおかげでこのことばはできたのであろう。

眼に見えるかたちが似ているかどうかの判断も、ふつうは直観的におこなわれる。しかし、論理学が起きたのとほぼ同じ頃に、ギリシヤに幾何学という学問が生じた。これは、このようなかたちの整理分類をおこない、その結果を、少数の基本的なことばをつかって系統的にいいあらわそうとすることから始った学問といえよう。たとえば、「まるがお」に登場する「まるい」ということばがさすかたちの性質は、ふつうは直観的につかまれるものである。ところが、幾何学の方では、物にまんまるなかたちのことを「円」と名づけ、「円とは、一平面上にあって、一点から等距離にある点の集合のことである」と定義したりする。多少、いい方はいかめしくなるが、「点」

「距離」「集合」「線」「平面」といった、いくつかの基本概念だけを用意しておいて、それだけで、目にみえるかたちのことを論じようというのが幾何学である。そうして、多くのことを論証によって示そうとする。その結果、直観にたよっていただけではなかなかみとおしのつきにくい、複雑な図形の性質もわかるようになった。現在でも、機械や建造物の設計には、幾何学の成果が応用されている。このように幾何学には実用とむすびつく面があるが、それも不思議ではない。ギリシヤの幾何学の前身は、エジプトの測量術という、実用的な技術だったといわれているのであるから。ただし、ギリシヤで一度実用面からきりはなされ、主として学問的な興味のために研究されるようになってからの方が、幾何学（ギリシヤ語では「測量術」と同じことばで呼ばれていた）は大いに進歩したといわれている。

さて、推論についても、多くの推論に共通点があることは、おそらく、昔は、直観的にだけとらえられていることとなったのだろう。そうして今でもこの直観は失われていない。論理学をまったく知らず、変項のつかい方を意識したことがない人でも、(3)、(4)、さらに、(10)、(11)の推論に、たがいに似ているところがあることは、直観的にみてとれると思われる。しかし、「どこが似ているか」ときかれれば、必ずしもことばに出してはっきりいえるとはかぎらないであろう。そこで変項をつかうことにすると、(9)のように、ことば(と記号と)をつかってこの共通点をいいあらわすことができるようになる。目にみえるさまざまなものの共通点としてとりだされたものの一種がかたちであるところから、多くの推論に共通するものをことばと記号でいいあらわした(9)も、「推論のかたち」あるいは少しかたく、「推論の形式」というのである。

さて、「ぬりえ」というあそびがある。これは紙の上に一色(多くは黒)の線で書かれて(印刷されて)いるさまざまなかたちのつながりについて、その一つ一つのかたちを任意の色でぬりつぶして行くことによってどんな絵ができるかをたのしむあそびである。かたちのつながりだけで、そこにえがかれているのが、たとえば人物であるか、風景であるか、あるいは「抽象画」であるか、はわかるのがふつうだが、たとえば花の咲いている野原に立っている小屋といった風景なら、花びらや葉やくきの色、また、小屋の屋根、壁、窓、の色、といったものをどうえらぶかは任意である。その色(の濃淡もふくめて)色の組合せが一通りにきまれば、風景もさだまったものとなる。

ちょうど同じように、推論の形式においても、それぞれの変項を、適当なものの名前をおきかえてやれば、意味のきまった推論ができあがるのである。この点で、推論の形式は、ぬりえの素材によく似ている。なお、変項を具体的な表現でおきかえることを、その「変項にその表現を代入する」ということがある。これは、数学の方ではおなじみのいい方で、たとえば

$$x^2-4=0 \quad (24)$$

の「x」に「2」を代入すれば

$$2^2-4=0 \quad (25)$$

となる、といったいい方をする。これは、推論ではなく、式にあらわれている変項（変数）への代入の例であるが、推論についてもまったく同様で、(9)の「c」に「猫」を、「b」に「かつおぶしを好む」を、「a」に「玉」を代入して(10)がえられるのである。「代入」といういい方も、ぬりえとの類似を連想させるものである。

3 文脈

前章の始に、「記号とは何ものかを指示しているように思われるものである」といった意味のことをのべた。この「思われる」は、一般の人々の了解についてのべたつもりである。また、実際、字引で「記号」の項をひくと、「一定の内容をあらわす符

号」などという説明がのっていたりする。

しかし、変項は、すでにのべたように、一定の内容を指示したり、あらわしたりしているものではなく、むしろその逆である。文の中の一定のものごとをさしている表現を変項でおきかえると、かえって文の意味はさだまらなくなる。しかし、そのことを通じて、たとえば一つの推論の形式がはっきりしてくるのである。しかも、その際、変項は、他の記号や、普通のことばとくみあわせてもちいられている。そうすることによって始めて、形式をしめす表現がえられるのである。「a」という記号だけを書いておいたのでは、推論の形式も公式の形式も示すことはできない。

形式というのは、生物の個体とか、身のまわりの家具とかいった、物体、つまり眼でみて手でさわれる、具体的なものではなく、抽象的なものである。しかし、とにかく、それを一種のものあつかいすることをみとめることにするなら、(9)、(12)、(20)はそれぞれ、一つの形式をあらわしている表現とみることができる。そうすれば、(9)、(12)、(20)は、さきほどの字引の説明のいう意味での記号だということになり、変項は、そうした記号の一部分であって、それ自体では記号ではないということになりそうである。

しかし、一般に「記号」といわれているものの多くは、それ自体で特定のものごとをあらわしたり、指示したりしているのではなく、一定の文脈の中で使われて始めてものごとをあらわす役割の一部を分担することになるものが多いのである。前章の始に例にあげた積分記号、元素記号、高音部記号にしても、単独では意味がさだまらない。そういうと「Fe」は、鉄のことだから、意味がはっきりしている、という人がいるかも知れない。しかし、日常生活でつかわれる「鉄」ということばは、近代化学の誕生以前から知られていた金属をさすことばで、日常生活でこのことばをつかう人は必ずしも化学のことを知っている必要はない。しかし、元素記号の方は、化学の元素や原子の概念を背景にもっているものであり、化学の体系のなかにあって始めて意味をもつものなのである。だから、「Fe」という記号のつかい方は、「鉄」ということのつかい方とは、必ずしも同じものではないのである。

普通のことばを記号の仲間に入れることにすると、たとえば、「で」「に」「を」「は」「が」のような「助詞」と呼ばれることばも、それぞれ単独では、何も指示せず、ほかのことばと組合せてつかわれて始めて、一つの意味を持つ、句、文、などの一部となるという点では変項に似ている記号だといえる。たとえば、

この犬があの人にむかってほえた (26)

という文の「が」は、報告されている状況の中でほえたものを指示するはたらきの一

ていない。

このように、助詞と変項とは似ている点があるが、また、大きくちがう点もある。つまり文の中の助詞は、それにほかの表現が代入されるべきものではない。いいかえると、変項は、一定の意味の文から、形式をつくり出すはたらきをしているのに対し、助詞には、このはたらきがないのである。

もし、人間が、具体的な状況についてのべることだけでコミュニケイションをおこなっていて、形式というものにはあまり注目しない生物だったら、そのつかう記号の中に変項が登場するということはなかったろう。しかし、噂話での例にみられるように、日常生活でも、その折々に、臨時に変項をこしらえてつかうことがある。さらに、論理学では、古代ギリシヤのアリストテレスがすでにその著作の中で変項を系統的につかっているし、幾何学でもほぼ同じ頃、エウクレイデス達が、点や角の名前を代入すべき変項としてギリシヤ語のアルファベトに登場する文字をつかっている。現在では、論理学、数学はいうにおよばず、自然科学でも、また、社会科学の一部でも変項を大いにつかうし、技術の分野でも変項は欠かせないものになっている。そこで、新製品の使用説明書などで、技術畑の人の書いたものには、変項がやたらに出てきて、一般の人には説明がわかりにくいということもおきるようである。とにかく、変項という記号の存在から、現代の社会で、形式というものの演ずる役割の大きいことがうかがい知れるのである。

4 俳優

記号に関連して、今までとりあげたのとは少しちがった種類の抽象について論ずることができる。たとえば、推論の形式

すべてのcはb
aはcである
だからaはb　(9)

の、「a」「b」「c」を、「d」「e」「f」でおきかえ

すべてのfはe
dはfである
だからdはe　(27)

としても、同じ推論の形式をあらわすことができるし、「甲」「乙」「丙」でおきかえ

て

　すべての丙は乙

　甲は丙である

　だから甲は乙　　（28）

としても、同じ形式をあらわすことができる。要するに、（9）、（27）、（28）で、個々の変項はどんなかたちをしていてもよいので、ただし、三種類あること、それぞれが、しかるべき場所にあることが必要である。たとえば「a」「b」「c」をつかうにしても

　すべてのcはb

　aはcである

　だからbはa　　（29）

としたのでは、正しい推論の形式ではなくなってしまう。

以上のことからわかるように、変項の記号としての役割は、それぞれがみえるかたちにはこだわらない。個々の記号のかたちのちがいをこえて、たとえば（9）と（28）とが同じ形式であるとみとめるところにも一つの抽象がある。いいかえれば、その際、一方での変項がアルファベットで、他方での変項は漢字であるというちがいは、

捨象されている。

また、(9)を声に出して読んだ時には、「a」、「b」、「c」にあたるのは、文字ではなく、[éi]、[bí:]、[sí:]という音である。しかも、仮にこの発音記号どおりに発声されたとしても、読む人が、男か女かで、音はちがったものであろう。あるいは「c」のことを「シー」と発音する人がいたとしても、文脈からたやすく「c」を読んでいるのだと察せられれば、それはやはり(9)での「c」に対応する音なのである。こうして、字であるか、音であるか、というちがいも、男の声か、女の声か、というちがいも捨象して、(9)の形式を論ずることができるし、また実際、推論の形式を論ずる時には、多くの場合、この捨象を行っているものとしてよい。

こういう点で、変項は、俳優に似ているところがある。たとえばシェークスピヤのハムレットを演ずる俳優は、必ずしも特定の顔立ちをしている必要はない。また、イギリス人ではなく、フランス人や日本人の俳優がハムレットを演ずることもある。場合によっては女性が男装してハムレットになってもいいであろう。また、同じ一人の俳優がやはりシェークスピヤのリチャード三世を演じたり、歌舞伎の助六を演じたりする例もある。

一つの役割をちがった俳優が演じてかまわないというところは、変項の役割を演ずる記号のかたちが問われないという点に似ている。（9）の「c」は、（28）でみるように「丙」でもよいのである。また、（9）の、a、b、cの役割をとりかえ

すべてのaはc
bはaである
だからbはc　（30）

としても、同じ推論の形式をあらわすことになる。この際、「c」は（9）では、ものの種類をさす表現が代入されるべき変項であるのに、（30）では、性質をあらわす表現が代入されるべき変項になっている。これは、たとえば、ハムレットの中で、一回目には主人公のハムレット役を演じた俳優が、二回目にはホレーショ役を演ずるようなものである。

第3章　そのほかの論理記号

1　「である」の分析

たとえば動物の個体から出発して行って抽象の梯子をどんどんのぼりつめて行くとどうなるであろうか。猫の個体から、猫の種類、猫、猫属、哺乳類、脊椎動物、動物、生物、物体、とのぼって行くと、最後には、「もの」としかいえないところまで行ってしまうかも知れない。それとは別に、「猫」「哺乳類」「動物」「生物」「物体」が、みな、ものの種類であるところから、「種類」という概念に眼をつけることもできる。

種類の概念は、抽象によって一群のものに共通点をみつけた時に、その一群のものを一まとめにして考えたり、論じたりするはたらきに眼をつけて生じたものである。たとえば「猫」「犬」「人」などの、動物の種類をさす名詞がある。こういう名詞によってさされるものは、それぞれ、たがいにちがった種類であるが、「動物の種類である」という点を共有している。こういった観点で抽象の梯子をのぼって行くと、「種類」という概念に達する。種類のことを、「群」「組」などともいうが、論理学や数学では、「集合」と呼ぶ。

さて、ここに一匹の犬がいて、「ポチ」という名であるとしよう。「ポチ」という名の犬は何匹もいるかも知れないが、ここでは、「ポチ」は特定の一匹の犬のこととする。このポチは、いうまでもなく、犬である。つまり、「犬」という種類に属する。このことを、

ポチは、「犬」という名の集合の元である　(31)

という。あるいは常識にしたがって「犬」が集合の名前であることがわかりきっている時には

ポチは犬の元である　(32)

という。この(32)から、変項をつかって

aはbの元である　(33)

という形式をつくる。これは、(31)のほか

弘法大師は人間の元である　(34)

玉は猫の元である　　　　（35）

3は奇数の元である　　　（36）

に共通する形式である。もちろん、日本語では普通（32）、（34）、（35）、（36）の中の「の元」をとって

ポチは犬である　　　　（37）

弘法大師は人間である　　　（38）

玉は猫である　　　（39）

3は奇数である　　　（40）

というようにいう。ただ、哲学者の中にそそっかしい人がいて、たとえば（38）を、「弘法大師」という名の個人と「人間」という名の種類とが同一のものであることをあらわしているかのようにとり、「個人と種類とはちがったものなのに、どうしてこんなまちがいをおかした（38）のようないい方が通用しているのか」と不思議がってみせたりすることがあるので、わざと（32）—（36）のようないい方を紹介したのである。

たしかに日本語では

aはbである　　　（41）

という形式は

「ハムレット」の作者は、ウィリアム・シェークスピヤである　(42)

という文にもあてはまる。そうして(41)で、「a」、「b」に代入されているのは、「ハムレット」の作者」と「ウィリアム・シェークスピヤ」という、同一人物をさす表現である。だから、(41)の形式は、くわしくいえば

　aはbの元である　(33)

と、

　aとbとは同一のものである　(43)

との両方の形式のどちらをもあらわせる。それどころか

　犬は動物である　(44)

の形式ともとれるが、この時には、くわしくいうと、

　種類aは種類bにふくまれる　(45)

という形式になっているわけである。このように、(41)は、形式としては、いい分があまりはっきりしていないところがある。そこで、論理学や数学では、(33)の形式を

a∈b　（46）

で、（43）の形式を

a＝b　（47）

で、（45）の形式を

a⊆b　（48）

であらわすことにしている。ここで（46）の「∈」は、元が種類に属することをあらわすための記号であるから、「帰属記号」と呼ばれる。（47）の「＝」は数式でおなじみの「等号」という名の記号であるが、ここでは数だけではなく、ものごと一般についての同一関係をあらわすのにつかっている。（48）の「⊆」は「包含記号」と呼ばれる。

こうした記号は、特定の専門分野での術語に対応するものというよりは、日常生活のことばの中によく登場する形式

aはbである　（41）

のつかい方が、場合によってちがってくるところに注目し、そのちがいをはっきりさせるためにつかわれることになった記号であるといってよい。このように、記号の中には、日常生活で一つのことばにいくつも用法がある時に、その用法の一つをぬきだ

してそれをあらわすために、新しく導入されるものがある。論理記号には、このようにして導入されたものがいくつかある。「∈」「=」「⊆」も、論理記号の仲間に入れておこう。(「おこう」というのは、人によっては、もっとせまい範囲の記号だけを「論理記号」と呼び、この三つはその仲間からはずすこともあるからである。)

2　否定の記号

一つの文から否定文をつくることができる。たとえば

これは赤い　(49)

の否定文は

これは赤くない　(50)

あるいは、

これは赤ではない　(51)

であろう。(50)をもう一度否定してえられる

これは赤くないのではない　(52)

は、やや不自然なかたちの文であるが、その意味は(49)と同じととるのがふつうで

あろう。

さて、

彼は若い　　　　（53）

に対して

彼は老人だ　　　（54）

は、一応、その否定文の一種といえる。しかし、「彼」でさされている男性について、（53）も（54）もあてはまらないということもありうる。つまり、若いとはいえないが、さりとてそれほどの老人でもない、という人がいくらでもいるからである。そこで、「否定文」の意味をもっと限定するために、次の条件をもうける。

Aが正しい時にはAの否定文は正しくなく、Aの否定文が正しい時には、Aは正しくない。またAとAの否定文とのうち、どちらか一方は正しい。　（55）

この（55）の条件の中で、「A」は、文が代入されるべき変項であり、「文変項」と呼ばれる。この（55）をみたすかたちで、文Aからその否定文をつくる時のはたらきに応ずる記号として「否定記号」と呼ばれる記号「￢」を導入する。そうして

￢（A）　（56）

で、（55）の条件をみたす、Aの否定文をあらわすことにする。よく「Aか、Aでは

ないかのどちらかにきまっている」といわれることがあるが、この時の「Aではない」は、「¬(A)」によってあらわされるわけである。

3 連言記号

「A」「B」をともに文変項として、「AとBとが両方とも正しい」ことを主張する文の形式を

(A)∧(B)　　(57)

であらわすことにする。「∧」は「連言記号」とよばれるもので、(57)のことを、「AとBとの連言の形式」ともいう。「連言」は、「AとBとをつらねていう」というところからきた名前である。たとえば、「A」に「今日は晴れている」を「B」に「風はない」を代入すると、

(今日は晴れている)∧(風はない)　　(58)

となるが、これはふつう

今日は晴れていて風もない　　(59)

と書かれる。つまり、(59)は、(57)の形式があてはまる文の一例である。

4　しばり変項と存在記号

公式

$$(a+b)^2=a^2+2a\cdot b+b^2 \qquad (12)$$

は、「a」や「b」のところにどんな数を代入してもつねに正しい式となる。これに対して条件

$$x^2-3x+2=0 \qquad (20)$$

の「x」に、たとえば「3」を代入してみると、

$$3^2-3\cdot 3+2=0$$

すなわち

$$9-9+2=0 \qquad (60)$$

となって正しい式とはならない。なぜなら $3^2-3\cdot 3+2=9-9+2\neq 0$ だからである。しかし、「2」や「1」を代入すれば正しい式となる。つまり、条件（20）の「x」に、それを指す表現を代入すれば正しい式となる数、いいかえれば条件（20）をみたす数は、たしかに存在する。このことを

$$\exists x(x^2-3x+2=0) \qquad (61)$$

と書く。「∃」は「存在記号」とよばれる。そのつかい方を一般的にいうと、一つの条件をあらわすために変項xをつかって書かれた表現を（ ）でつつみ、その前に「$\exists x$」をおく。その結果は、その条件をみたすものが少なくとも一つは存在することをあらわす文となるのである。たとえば（61）は意味がさだまった文であって文の形式ではないから、その「x」は、もはや変項としての役割を演じていない。そこで、こういうように、「∃」と連動してつかわれている文字のことを変項とは区別して「しばり変項」という。（20）の「x」は変項であるが、（61）の「x」はしばり変項である。論理学の本の中には、変項に、a、b、c……のアルファベットの前半の文字をつかい、しばり変項には、x、y、zをふくむ、後半の文字をつかうというようにして、かたちの上で変項としばり変項とを区別しているものもある。

5　定義

論理記号の中には、他の論理記号をつかって定義されるものもある。たとえば、「選言記号」とよばれる「∨」は、次のようにそのつかい方を定義することによって導入される。

(A)∨(B):￢(￢(A)∧￢(B))　(62)

この(62)の「A」に「この人は日本人である」を「B」に「この人はアメリカ人である」を代入すると、結局

この人は日本人であるか、アメリカ人であるかのどちらかだ　(63)

という文と同じ意味の表現がえられる。ただし、この際の「どちらかだ」は、「どちらか一方にかぎる」という意味はふくまないものとする。アメリカで生れた、日本人の子どもは、ある年齢までは二重国籍である。そういう人にも、(63)はあてはまる文といえることにするのである。

次に「仮言記号」と呼ばれる「⊃」は、次のようにして定義される。

(A)⊃(B):(￢(A))∨(B)　(64)

「A」「B」に、「明日晴れている」、「運動会がある」をそれぞれ代入すれば、

明日晴れれば運動会がある　(65)

と同じ意味の表現になる。「⊃」は、日常生活でもつかわれていることばの「ならば」「とすれば」「もし……なら」等のつかい方の一つをとりだしてこれを示すためにつかわれた記号といってよいであろう。

「等値記号」と呼ばれる「≡」は、

によって定義される。

$$A \equiv B : ((A) \supset (B)) \wedge ((B) \supset (A)) \quad (66)$$

「全称記号」とよばれる「∀」のつかい方は次のように定義される。

$$\forall x(\text{——}x\text{——}) : \neg(\exists x(\neg(\text{——}x\text{——}))) \quad (67)$$

たとえば

$$\forall x(x = x) \quad (68)$$

は、

$$\neg(\exists x(\neg(x = x))) \quad (69)$$

のことで、これは自分自身と同一ではないものは存在しない。すなわち「どんなものもそれ自身と同じものである」とする正しい（がごくあたりまえの）主張をあらわす表現となる。

$$\forall x((x \in \text{人間}) \supset (x \in \text{うぬぼれがあるもの全体の集合})) \quad (70)$$

は、「人間ならだれにでもうぬぼれはある」という意味の表現になる。これは正しいだろうか。ひょっとしたら、まったくうぬぼれないという、大変へりくだった人がいるかも知れない。そうしたら、(70)は正しくなくなり、その否定が正しくなるが、その否定の方は、

$\exists x((x \in \text{人間}) \land (\neg(x \in \text{うぬぼれのあるもの全体の集合})))$ (71)

と書いてあらわすことができる。

さきに紹介した包含記号「⊆」は、以上の準備をしたあとでは

$a \subseteq b : \forall x((x \in a) \supset (x \in b))$ (72)

といった定義によって導入された記号とみることもできる。また、論理学では、等号「=」のつかい方を

$a = b : \forall x((x \in a \equiv x \in b) \land (a \in x \equiv b \in x))$ (73)

によって定義する。

6 必要最小限と実用

定義によって導入された記号の入った表現からは、その定義をつかうことによって、その記号をとりのぞくことができる。たとえば、

$(A) \supset (B)$ (74)

は、(64)により

$(\neg(A)) \lor (B)$ (75)

となるが、さらにこれに(62)をつかえば、

$$\neg(\neg(\neg(A))\wedge(\neg(B)))\qquad(76)$$

となり、ごたごたしたかたちではあるが、論理記号としては「$\neg$」と「$\wedge$」それに文変項だけをつかった表現になる。そこで、定義される記号をのぞくと、今までに紹介した記号の種類は、変項、帰属記号、否定記号、連言記号、しばり変項、存在記号、の六種類となる。上の例にみられるように、このほかに「(」と「)」が、形式をあらわすのに必要である。実は、「(」と「)」とをはぶく工夫もないではないのだが、ここではそのことにはたちいらない。いずれにしても「(」と「)」は、論理記号には数えず、「補助記号」と呼ぶ習慣になっているが、この本では便宜上、論理記号の仲間にいれておく。

さて、ここで数えあげただけの種類の記号をつかえば、ふつうの論証(数学などの論証をふくむ)にあらわれる正しい推論の形式は、みな書きあらわすことができることがわかっている。その意味で、これ等の記号は、正しい推論の形式をあらわすのに必要最小限の記号の組だということができる。

ただし、必要最小限の数ということは、実用的に十分な数ということとはちがうのである。たとえば日本語の文を平仮名だけで書こうとすれば、大概の場合、やってで

きないことはないだろう。しかし、少しながい文になると書く上でも読む上でも大変苦労になる。句読点はもちろん、ある程度の数の漢字があった方が、実用的である。これと同様に、論理記号の方も、実用上の必要に応じてふやしておいた方が便利である。ただし、そのふやし方は、定義によっておこなうのが習慣になっている。こうしておくと、追加された記号は、その気になればはぶくことができるのだということがわかる。このことは、こみいった論証によって体系づけられている理論の構造を論理学的に考察する時に、重要なことである。物質には、数えきれないほど多くの種類があるが、近代化学は、どんな物質も、かぎられた数の元素の組合せでできていると仮定する立場をとって進み、大成功をおさめた。これと似たことが、論理学の場合にもあるのである。

なお、くわしいことをいうと、以上の記号だけで正しい推論の形式がみな書けるといいきれるのは、「ゲーデルの完全性定理」と呼ばれる、論理学上の成果のおかげである。この定理のゲーデルによって証明されたのは、西暦一九三〇年のことだった。また、論理学や数学でおこなわれる定義が、「それによって導入された新しい記号がはいっている表現は、かならず、それと同じ意味のものではあるが、その記号をふくまない表現に書きかえることができる」という条件をみたすためには、定義はどんなかたちのものでなくてはならないのか、という点についての研究は、やはり一九三〇年代の論理学の研究において完成したのである。

論理記号というのは、数ある記号のなかの一種類にすぎない。しかもその基本的なつかい方は、日常生活でのことばのつかい方のごく一部を固定することによってえられたものである。つまり、記号としてはごく簡単なものの部類に属する。そのような記号についてさえ、完全性定理や、定義の条件についての理論がえられるまでには、十九世紀の末にこの種の記号をつかうことが考えられて以来の数十年の時間と、何人もの論理学者の研究が必要だったのである。記号論を本格的にやろうとする場合には、こういった研究のなかみにまでたちいる必要があると思うが、この本にあたえられている紙数では、そこまでのことをする余裕はない。興味のある人は、論理学の教科書について、このすきまをうずめるようにしたらよいと思う。

7　実例

前に(9)として紹介した推論の形式の中には、論理記号ではない文字、すなわち平仮名がはいっていた。これを論理記号だけで書くと次のようになる。

$\forall x((x \in c) \supset (x \in b))$

$a \in c$

$a \in b$　（77）

これが、推論の形式を、論理記号だけで書きあらわしたものの一例である。

第4章 計算と証明

1 証明問題

論理記号の中で変項は古代ギリシヤですでにつかわれていた。この本で仲間にいれた「(」と「)」は、表現の部分、部分のくぎりをはっきりさせるためのもので、普通の文章の中でもつかわれている。等号は、数の計算の中でおなじみのものの用法を拡大してつかうことにしたものである。そのほかの記号は、十九世紀の後半、論理学の世界で、時に革命的といわれるほどの大きな発展があった頃からつかわれるようになったものである。そのかたちには、いろいろな流儀があり、たとえば仮言記号に「⊃」ではなく、「→」をつかう流儀、「⇒」をつかう流儀などもある。しかし、かたちのちがいにかかわらず、用法が同じであれば、論理記号としては同じ役割を演ずるものとしてよい。これは変項についてすでにのべたことである。

さて、十九世紀になる前にも、論理記号に似たものをつくり、つかおうとした人達がいた。この人達の多くは、論証を計算のようなものにできないかということを考えていたのである。

ヨーロッパでは、古代ギリシヤ以来、さまざまな知識を論証の糸によってつなぎ、体系化することが、学問の世界の伝統になっていた。その典型ともいうべきものが数学の理論であって、たとえば今から二二〇〇年以上前に書かれたといわれるエウクレイデスの「原論」という著作では、始に根本前提としての公理をいくつかかかげておき、あとの主張はすべてこの公理だけを前提にする論証によってその正しさを示すというやり方をとっていた。したがって、公理がすべて正しいと思うものにとっては、その主張のすべてが正しいことが保証されることになる。この原論では特に幾何学が主題になっているが、この幾何学の前身であるエジプトの測量術では、おそらく実地の測量の上での経験のつみ重ねによって幾何学的知識（たとえば、「円周と直径の比がどの円についてもほぼ一定である」といった知識）をつみ重ねて行ったのだろうと想像されている。ところが、原論のスタイルで知識が体系化されていると、公理の正しさえたしかめれば、あとは論証だけによって無数の正しい知識が手に入るのである。経験はあまり必要ではなくなる。公理の正しさも直観的にわかると考えた人が多かったが、そういう人にとっては経験はまったくつかわずに幾何学にまとめられている知識の正しさを知ることができるということになる。しかも、幾何学の知識は、測量、建造物や機械の設計に応用されて、実地にも役立つのである。これはなかなかうまい話であると思われる。このことを、「理性の力は大きい」というようにいうことがある。ここで「理性」は、「論証をおこなう能力」ほどの意味にとっておいてよいであろう。

たしかに理性の力は大きいかも知れないが、多くの人にとって、原論スタイルのやり方にも泣きどころはあった。それは、正しい論証をみつけるのは、必ずしもたやすいことではないということである。幾何学の試験で、「次の命題を証明せよ」という文句で始まる問題をあたえられて、証明をみつけるのに苦労した経験のある人も多いことと思う。一般に、幾何学にかぎらず、数学の証明問題は、試験に出るようなものは、そうたやすくはとけない。しかし、こういう問題では、解答者は、出題者がまちがっていないかぎり、とにかく証明があることが保証されている命題について証明を探すのである。いわば宝探しのゲームをするようなものである。ところが、まだだれも証明したことのない命題について、「これは証明できるのではないか」という予想を、数学者がたてることがある。その上で証明探しにとりかかり、首尾よく証明がみつかることもあるが、この場合に、証明がみつかるのにはかなり時間がかかることがある。予想をたてた本人が死んでしまってからさらにかなりの年月がたってやっと証明が発見されたものもあれば、まだ証明がみつかっていないものもある。

ところが、時には、大数学者のたてた予想がまちがっていたことがわかることもある。つまり、証明がみつかると予想されていた命題の否定の方が証明されてしまうこともあるのである。

そこで、一つの命題について、それが証明できるものか、むしろその反対の方が証明されてしまいはしないか、ということがわからないうちは、証明を探す作業は、試験に出る証明問題をとくよりも、いっそう、あてどもないものになる。これは、ゲームではない、実地の、宝探しのようなものである。つまり宝がうまっているかいないのか、わからない山の中にわけいって宝を探すようなもので、それだけ苦労も大きいわけである。

2　論理計算

数学の試験に出る問題の中には、証明問題のほかに、「計算問題」と呼ばれるものがある。たとえば、たしざん、ひきざん、かけざん、わりざん、の問題を多数出して、そのすべてに対して短時間のうちに答を出すことを要求するような試験がおこなわれることがある。この場合、四則演算の手順のことは解答者はみな知っているのだから、計算上のまちがいさえしなければ、すべての問題に正しい答が出せるはずである。だから、こういう試験を受ける人は、どうやって問題をといたらよいのかについてなやむことはない。つまりとく方法をみつける苦労はいらないのである。

不定積分を求める問題とか、微分方程式の解を求める問題とかのように、とくのに一定の手順がないものも「計算問題」と呼ばれることがあるが、この章では、一定の手順をふめば必ず答がえられるようなものだけを「計算問題」と呼ぶことにする。初等的な範囲でいうと、一次方程式の根を求める問題、二次方程式の根（複素数の根をみとめるとして）を求める問題、正の整数の平方根を求められた桁数まで計算する問題、などは、一定の手順がある問題、つまり、この章でいう意味の計算問題である。幾何学の方でいう、定規とコンパスだけをつかって、任意の角の半分の角を作図することを求める問題も、一定の手順があるという意味では、ややひろげた意味で、計算問題の仲間に入れてもよいかも知れない。これに対し、因数分解の問題などは、必ずしも一定の手順がなく、よい思いつきが必要だと考えられるものとして出題されているかぎりでは、計算問題の仲間には入らない。

そこで、「証明問題も計算問題のようなものになればよい」と考えるようになるのは、人情であろう。十七世紀の哲学者でまた数学者でもあったデカルトもこのようなことを考え、幾何学の証明問題の多くを、代数の計算問題に翻訳するのに成功した。これが解析幾何学の始である。この成功に気をよくしたであろう、彼には、哲学の問題も計算問題になおしてしまおうとねらったふしがあるが、こちらのもくろみの方は、完全に成功したとはいえないようである。

さて、幾何学の証明問題にかぎらず、すべての論証が計算だということになれば、なおさらよいわけである。論理記号を工夫しようとした人達の多くは、このことをねらっていた。そこで、実際に論理記号がつくられ、これだけをつかって論証を書きあらわすことが始ると、そのような作業のことを「論理計算」と呼ぶ人も出て来たのである。ただし、始のうちは、これが、この章でいう意味の計算なのか、つまり、一定の手順にしたがうことでこのような作業がすべておこなえるものなのかどうかは、はっきりしていなかった。

二十世紀になってから、この点についていくつかのことがわかってきた。まず、文変項、否定記号、連言記号、それに「(」と「)」、これだけをつかって書かれる文の形式のことを、「命題論理の文の形式」という。この形式の中に、「トートロジ」と呼ばれるものがある。たとえば

((A)∨(┐(A)))　(78)

は、「A」に任意の文を代入すると、つねに正しい文となる。このように、命題論理の文の形式で、それにふくまれている文変項のそれぞれに任意の文を代入すると、つねに正しい文がえられるもののことを、「トートロジ」という。また、トートロジからこの手つづきによってえられた正しい文のことも「トートロジ」ということがある。

さて、トートロジについては、それのトートロジであることを示す論証が、文変項、否定記号、連言記号、「(」、「)」だけをつかって書けることがたしかめられている。そうして、このことを示すための一定の手順もある。つまり、命題論理の文の形式を一つ任意に与えておいて、これがトートロジであるかどうかを判定させる問題には、これをとくための一定の手順がある。だから、これは、計算問題の仲間にいれてよい。また、0と1だけをつかう計算の問題にこの問題を翻訳することもできる。

さて、トートロジである文は、昔から「論理的に正しい文」といわれてきたものの一部分にあたると考えられる。論理記号を全部動員して書ける文の形式の中にも、「その形式があてはまる文はみな「論理的に正しい文」である」といってよいものがある。こういう形式のことを、ここでは「広い意味でのトートロジ」ということにする。今までの意味でのトートロジは、広い意味でのトートロジの一部である。さて、論理記号をつかって書かれる文の形式を任意に一つあたえておいてこれが広い意味でのトートロジになっているかどうかを判定させる問題は、計算問題ではない、つまり、これをとくための一定の手つづきはないことが、一九三〇年代にわかった。もっとも、わかったといっても、その際に、「一定の手順」という概念の意味をはっきりさせておかなくてはならない。一九三〇年代にはまだ、コンピュータは実用になっていなかったが、イギリスの論理学者のテュアリングが、必要に応じて記憶がいくらでも大きくできる計算機にあたるものについての明確な定義をあたえた。この定義による計算機のことを「テュアリング・マシーン」という。そうしてテュアリングは、「計算問題であるということは、テュアリング・マシーンに有限回数の計算の後に答を出させるためのプログラムが書ける問題だということだ」と主張したのである。テュアリングの先生だったアメリカの論理学者チャーチも、同じ頃テュアリング・マシーンとは別の概念をつかってではあるが、実質的に同じことになる主張をした。そこでこの主張を、「チャーチとテュアリングの主張」という。

この主張は、「一定の手順」という、直観的な概念を、論理的な定義でおきかえようというものであるから、その正しさが論証できるといった性質のものではない。しかし、種々な考察の結果、まず妥当なものとしてみとめておいてよいものである、とする論理学者が多い。広い意味でのトートロジの判定問題が計算問題ではないというのは、この主張をみとめることにした上でのいい分である。

さて、このことからすぐ出てくる結果の一つは、数学の証明問題一般は、もし、**数学の証明を論理記号だけで書ける**ものにかぎるなら、やはり、計算問題にはならないということである。今、太字で表した文で示される限定が妥当なものかどうかについては、一応、疑問が起る余地がある。そのことについては次章でふれることとして、仮にこの限定をみとめることにすれば、証明問題のすべてを計算問題にしてしまおうというくわだては実現できないことになる。この見地からすれば、「論理計算」というのは、多少力みすぎた名前だったということになるのかも知れない。

3　証明の記号化

論理記号のようなものをつくりたいと人々が考えた動機にはもう一つある。それは、計算は、くわしく紙にその過程を書いておけばだれにでも検算ができるが、論証についてもそのようなことができるようにしたい、ということである。

哲学は、数学とならんで論証を重んずる学問である。ところが、数学では、論証（証明）によってだれにでも異論なくうけいれられる結果がいくらでもえられているのに、哲学では古代ギリシヤ以来、論争がたえず、大哲学者といわれる人達が対立しあい、それぞれ自説をとってゆずらないでいる。これは、哲学での論証が、日常生活でつかわれることばをそのままつかってのべられているからではなかろうか、という疑問がおきるのは当然のことである。日常生活でのことばは多義的であり、しかもその多くの意味が、状況に応じて流動的にかわる。これは社会生活のためには必ずしも悪いことではないのだが、哲学のような浮世ばなれした題材もあつかわなくてはならない学問の中で、このことばで議論をしていると、話が混乱して行くおそれがある。そこに行くと、数学では必要に応じて術語を厳密に定義し、記号もどんどんこしらえているので、証明のすじみちが、ことばの意味のまぎれによってわからなくなってしまうことはないようである。特に計算は数字と用法が厳密にさだめられている記号だけで書くことができるので、もしすべての段階をもれなく書いておけば、その一つ一つを見て行くことにより、あやまりがあるかどうか、当人にもまた他人にも、たしかめることができる。あやまりがどこでおきたかも明確に指定できる。

デカルトが、数学者でもあったので、哲学の論証も数学のもののようにしたいと考えていたらしいことは、すでにのべた。彼のように論理的なことを重んじた哲学者として有名で、少し後輩にあたる哲学者ライプニッツは実際にこのようなねらいで論理記号の体系をつくることを試みたのであるが、彼のこの方面での志を直接つぐものは同時代にはいなかった。十九世紀になって論理記号がつくられて以後、一九二〇年代から三〇年代にかけてドイツ語圏で活動し、その後、アングロサクソンの国に移住した、「論理実証主義者」といわれる哲学者達の中には、「論証はすべて論理記号だけで書かれるもの」という前提のもとに、哲学での議論の正しさの検討の結果が、だれが検討してもつねに同じものになるようにすることをくわだてた人達がいた。ライプニッツの志を現代において生かそうとしたわけである。

それより少し前、十九世紀の末、哲学者がその論証の厳密性をうらやましがっていた数学の内部に矛盾が発見されるという、衝撃的なできごとが生じた。しかも、それは、専門家以外にはわかりかねるような、複雑な論証によってえられる成果の中にではなく、初学者にもたやすく理解できる、ごく基本的な部分においたのである。それは、次のような事情においてである。

帰属記号「∈」を紹介した少し前のところで、論理学や数学では、種類のことを「集合」というといっておいた。名前は少しあらたまるにしろ、これは昔からだれでも知っていた概念であるところの、「種類」「群」「組」などの別名なのだから、この名をつかわれたからといっておどろく必要はない。さて、十九世紀の後半、論理学が大きな発展をとげようとしていた頃、数学の方では、ゲオルク・カントルという学者が、この実質的に昔からだれにでもおなじみの集合の概念が数学においてはきわめて基本的な役割を演じていることに注目し、集合の性質をしらべるための「集合論」という新しい分野を創造した。やがてこの新しい分野に興味を持った、何人もの数学者や論理学者の努力のおかげで、数や空間のように、数学では基本的な概念と考えられていたものも、集合の概念をつかって定義されることがわかった。そこで、全数学は結局、集合論に吸収されるというみこみがたったのである。ところが、この壮大なみこみがたったのとほとんど時を同じくして、集合論の中に矛盾があることがわかった。しかも、これは集合論の根本前提としてだれもがその正しさをみとめていたものからたやすくひき出せる矛盾だったのである。

この矛盾を前にして、集合論などやめてしまえ、と主張する数学者もあらわれたが、集合論によって全数学が統一できるという壮大なみとおしをすてさることには未練が残るとする数学者もいた。この時、すでに数学のさまざまな分野で業績をあげ、数学界の大御所的な存在になりかけていたドイツの数学者ヒルベルトが次のことを提唱した。集合論を、その根本前提、証明の過程、概念の定義の手つづき、をふくめてすべて論理記号だけで書きあらわしてみる。そうすると、集合論の中に矛盾が生ずるかどうかという問題は、与えられた記号配列（すなわち、集合論の公理をあらわす配列）の記号の順序を、これもあらかじめさだめられている手つづき（すなわち、推論にあたる手つづき）によっていれかえて行って、ある特定の記号配列（この本の論理記号で書くと（A）∧（┐（A））というかたちの配列）が出てくるかどうかという問題にひきなおせる。こうして記号配列の変形過程に関する考察をおこない、矛盾にあたる配列が出てくることがわかったら、出発点の記号配列か、変形の手つづきかの中に、この矛盾の出現に「責任のある」ものを見つけ、これを矛盾を生じないものでおきかえるとよい。

このヒルベルトの提唱にしたがった研究の結果、まず、論理記号であらわせる正しい推論の形式は、矛盾に対して責任のないことがわかった。つまり、集合論に矛盾があるとすれば、それは公理のせいなのである。そうして、すでに発見された矛盾は出てこないように工夫された公理の修正版がいくつか提案された。その中で今一番よくつかわれているものは、提案者のツェルメロ（Zermelo）と、その提案のまた修正版をつくって現在おこなわれているかたちにかえたフレンケル（Fraenkel）の名の頭文字をとって「ZF（ツェット・エフ）」と呼ばれている集合論の公理である。ヒルベルトは、たとえばZFのようなものについて、記号配列の変形過程についての考察によって、どんなに証明を重ねていっても矛盾が出てこないことを保証できるのではないかと考え、この種の考察においてとるべき手つづきについていくつかの提案をした。ここではこの手つづきのくわしい点についてのべる余裕はないが、「仮にこの手つづきによってその保証がえられたとすれば、その保証はたしかなものと考えてよい」とする点では、多くの論理学者、数学者はヒルベルトに同意した。

ところが残念ながら、この保証はえられそうにない、ということが、これも一九三〇年代にゲーデルによって証明された、論理学上の重要な定理から、いえるのである。こうしてヒルベルトのくわだての一部は実現しないままになっているが、ここの文脈で重要なことは、ヒルベルトのような大数学者が**数学の証明はすべて論理記号だけで**

書けるということをみとめていることである。これは単なる思いつきでいわれたことではなく、ヒルベルトもみとめているように、すでにイギリスのワイトヘッドとラッセルという二人の数学者が論理記号だけをつかって数学の全体を書きあらわそうというくわだてに着手し、ある程度の成果をあげていたのを念頭においていわれたことである。とにかく、論証の構造をしらべることを、計算の検算のような手つづきでおこないたいという哲学者の考え方は、哲学よりもまず数学においてある程度の実をむすぶことになったのであった。

第5章　形式化

1　ブルバキズム

数学の教科書をひらいてみると、多くの記号が、数式や証明を書きあらわすのにつかわれていることが、すぐにわかる。数字ももちろん登場している。しかし、そのほかに、たとえば日本語で書かれている教科書なら、仮名や漢字が日本語の単語、語句、文章を書くのにつかわれているのである。論理記号をところどころにはさんでいるものも時にはみうける。しかし、すべてを論理記号だけで書いてある本などというものは、まず一冊もないといってよいであろう。前節でふれたワイトヘッドとラッセルとの共著（"Principia Mathematica"という題で、初版は一九一〇年—一九一三年のあいだに三巻本で出た）にしたところで、英語で書かれた部分を多数ふくんでいる。

それなのになぜ、論理記号だけで数学の証明がすべて書けるというような考え方がなりたちうるのだろうか。

前にとりあげたヒルベルトの提唱以後の論理学、数学の発展による成果のことも考慮にいれた上で、この点についての事情を説明すると、次のようになる。(この節の以下の部分は、数学に興味のない人はとばしてもかまわない。)

まず、自然数、整数、有理数、実数、複素数、などの、数の概念、および集合論がつくられてから、自然数を無限に多くの元をもつ集合の元の順序をつけるために拡張してつくられた順序数、また、自然数がものの個数を数えるのにつかわれているはたらきを、無限に多くのものの「個数」を数えるように拡張してつくられた基数、こういったものをすべて、たとえばZFの中で定義することができる。この定義が論理記号だけで書けるということについては、少し程度の高い、論理学の教科書ならば、くわしく説明してある。その際には、便宜上、この本で紹介した論理記号のほかにも多くの記号を導入しているが、この導入は厳密な定義によっておこなわれている。だからこの記号の定義を参照することにより、数の概念の定義は、出発点に用意した少数の論理記号だけでも書けるのだということに納得がいくようになっている。実際にそのように書直すと、非常にながい表現を書かなくてはならないことになるので、この書直しをした人はいないのではないかと思われるが、とにかく、「その気になれば書直しはできる」ということがだれにでも確信できるようなかたちで、記号の定義は行われているのである。次に、集合論の公理と数の概念の定義とから、数の性質をのべた定理の証明を、論理記号だけをもちいて書く手順についてのくわしい説明が、簡単な実例もまじえて書いてある。たとえば「素数の数は無限に多い」という定理はすでに二二〇〇年以上前のエウクレイデスの本の中にその証明が書いてあるというので有名なものであるが、この証明を論理記号だけで書く時の方針についてのくわしい説明がのっている本がある。こういう説明を読むと、主として数をつかってつくられた体系の研究に集中していたように思われる、十九世紀までの数学の定理の証明は、やはり、論理記号だけで書くことができるであろうということについての納得がゆくのである。

二十世紀になってからの数学は、「抽象数学」という名がつけられているように、今までは別々に研究されていた複数の数学的対象に共通の性質を抽象し、その結果にもとづいて「数学的構造」と呼ばれる体系をつくるようになる。「群」「環」「体」などの名前で呼ばれる、いわゆる代数系、あるいは「位相空間」「距離空間」「多様体」などの空間は、「数学的構造」（ここでは以下「構造」と略して呼ぶ）の例である。こうした構造の概念の定義も、論理記号だけで書くことができる。このことが実際に可能であることを、納得のいくかたちでくわしく説明している数学の教科書がフランスの「ブルバキ」という個人名をペンネームにしている数学者集団によって書かれた。この教科書はフランス語で「数学原論」にあたる題名を持っている。おそらく、エウクレイデスの「原論」(これは、もともとギリシヤ語で、しかもおそらくエウクレイデスよりは後代の人がつけた名前)を意識してのことであろう。ブルバキの原論では、さらに、構造の定義と集合論の公理から出発して、抽象数学の定理の証明を、論理記号だけをつかって書く方針について、くわしい説明をしている。ブルバキの「原論」のスタイルは、数学的な直観にめぐまれているかどうかはわからないにしても、論理的にすじのとおったくわしい説明なら理解できるといった人達、つまりプロの数学者ではなくて、数学のこれまでの成果を理解したがっている人達、にとっては、理解のしやすいものであることが、わかった。それでアメリカなどのように、多数の科学技術者の卵に数学を教える必要にせまられた国では、ブルバキの影響を受けた教科書が多数あらわれたのである。ブルバキ流のやり方は「ブルバキズム」と呼ばれる。

こういうわけで、論理学の少し程度の高い教科書の説明と、ブルバキズムにたつ教科書の説明とを読むことにより、大概の人が、論理記号だけで数学の証明を書けると思うようになるのである。

2 つかわれる可能性

ブルバキズムに批判的な人達もいる。そういう人は、「数学の分野で新しい成果をえるのに必要なのは、数学的直観である。論理記号ですべてを書きあらわせるかどうかを考えることは、何の役にもたたない」という。実際に数学の分野で業績をあげている人がこういう意見をのべていることがあるので、この批判にはきくべき点があるといってよいであろう。事実、論理記号などまったく知らずに、現役の数学者として活躍している人がいくらでもいる。

しかし、「ブルバキ」というペンネームを共有しているフランスの数学者達も、創造的な仕事をしている点で有名な人達であるから、ブルバキズムは、少くとも、創造的な成果をあげる上でさまたげになるものではないとはいえるであろう。

それに、前節でのべたように、ブルバキズムは、すでにえられている成果を大衆化するのには役に立っている。つまり、「できあがったものはすべて論理記号で書けるはずで、そのための方針はこういうものだ」という点での説明を受けると、構造のなかみがよくみとおせるように感ぜられるのである。その際、実際にすべてを論理記号で書きあらわしてみる必要はない。

これは重要なことである。論理記号は、普通のことばで書かれていて意味にまぎれのある表現を、明確なものに書き直すのに実際につかうこともできる。簡単な例は、第3章にでてきた

a はbである (41)

を、

a∈b (46)

a=b (47)

a⊆b (48)

と書きわけるような場合である。しかし、実際に論理記号をつかってすべてを書くことはしないのに、「その気になればすべて書けるはずだ」ということがわかるだけで、ものごとの理解がすすむことがあるのである。つまり、記号のなかには、実際にはつかわれていないのに、つかわれる可能性が示されるだけで、役に立つことがあるというものもあるのである。このことの重要な実例をもう一つのべることにする。

3　不完全性定理

証明問題を計算問題にひきもどせないものかと夢みる人達がいた頃、つまり、一九二〇年代以前には、「数学の命題は、正しいか正しくないかのどちらかであり、正しいものなら証明があるはずだし、正しくないものならその否定の証明があるはずだ」ということが、多くの数学者にとって常識だった。といっても、証明にはかならず前提がある。数学の場合、根本前提は公理ということになっているから、公理の数が不十分だと、正しいのに証明ができない命題というものもありうる。たとえば、エウクレイデスの原論には、「平行線の公理」という公理があるが、もしこの公理を公理の仲間からはずしておけば、「平面三角形の内角の和は二直角にひとしい」という有名な定理も証明できないことになってしまう。

さて、集合論がつくられて以来、数学は集合論によって統一されることになった。そうして、論理学の教科書とブルバキズムが示しているように、数学で今までにえられた成果は、たとえばすべてZFの中で証明できるようにみえる。仮に、将来、ZFの中では証明できないけれども正しい命題というものがみつかったら、これを公理に追加すればよいであろうと考えられる。なお、論理記号ですべてが書けるという立場をとれば、数学の命題とは、論理記号だけで書かれた文で、しばり変項はふくむが、変項はふくまないものということになる。変項がはいっている表現は厳密にいえば、文の形式であって、その正しさは一般に不定である。つまり、変項に代入されるものによって正しさがかわる。

一九三一年、ゲーデルはほぼ次のことを示した。「ZFのような集合論に矛盾がないとすれば、この集合論の命題でありながら、その証明もなく、その否定の証明もないものが存在する。この事情は、公理をいくら追加してもかわらない。」(このいい方の太字の部分の意味は多少、あいまいである。また、ここで引用したものは、ロッサによる、ゲーデルの定理の改良版であって、ゲーデルの定理には、「無矛盾であれば」よりは少し強い仮定がはいっていた。しかしこの点にたちいることは、ここではしないでおく。)これは、さきほどのべた常識をくつがえすものとして、一大センセーションをひきおこした成果である。また、その影響は、哲学の方にもおよんでいる。

この定理の名は、「不完全性定理」という。集合論の公理が、常識的な期待にそむくという意味で不完全なものであることを示したからである。しかも、この不完全性は、公理の追加によってなおすことはできないものだ、ということも示されたのである。

さて、この不完全性定理も、数学の証明がすべて論理記号だけで書かれることを前提している。というよりも、論理記号だけで証明が書かれるような数学、あるいはそのような集合論に書き直せる数学、についての成果であるといってよい。そのような数学が実際に存在することをゲーデルは前提しているが、論理記号だけをつかってそのような数学で今までえられた成果のすべてを書きあらわすということなどはしていない。また、実際にそのようなことをするのには、ぼう大な時間と紙数が必要であろう。実用的にはまず不可能なことといってよい。しかし、時間と紙数と精力をおしまずに多くの人が力をあわせておこなえばできるはずのことだというみとおしがたっていることが、ゲーデルの成果にとって必要な前提となっているのである。

4　メタ理論

ゲーデルの不完全性定理は、論理学で重要な定理であるが、集合論の中の定理ではない。集合論についての定理である。このような定理を、「メタ定理」という。「メタ」というのは、ギリシヤ語の前置詞に由来することばであるが、ここでは、「ついての」という程の意味のことばと理解しておけばよい。

一般的にいって、理論の主題は、言語表現以外のものである。たとえば、物理学や化学の理論は物質のことを論じ、心理学の理論は、心のことを主題にしている。ところが、論理学では、たとえば数学の理論について矛盾があるかどうか、あるとすればそれを除去し、二度と矛盾が出てこないようにできないかどうか、を論ずる。この時には、理論を対象として研究しているわけである。このような研究の成果が一つの理論としてまとめられた時には、「メタ理論」といわれる。メタ理論の対象となっている理論は、「対象理論」と呼ばれる。ゲーデルの不完全性定理は、集合論を対象とするメタ理論の中の定理であるから、「メタ定理」と呼ばれる。この時、対象理論は、論理記号だけで書けるはずのものだった。これに対してゲーデルの論文は、ドイツ語で書かれている。この時、ドイツ語は「メタ言語としてつかわれている」という。一般に、一つの言語表現、あるいは言語、あるいは記号体系、などについてなにごとかをのべている時に、この、のべるのにつかわれる言語を「メタ言語」その対象となっているものを「対象言語」という。ドイツ語の文法を日本語で書く時には、ドイツ語が対象言語で日本語がメタ言語である。国文法を書く時には、メタ言語も対象言語も同じことばであるのがふつうである。たとえば、日本語の国文法の本は、多く、日本語で書かれている。

メタ理論の中でも記号がつかわれることがある。こういう記号は「メタ記号」といわれる。たとえばよくつかわれるのは、「⊢」というかたちの記号で

$$\vdash \forall x(x=x) \qquad (79)$$

と書くと、「対象理論の中で、論理記号だけをつかって命題「$\forall x(x=x)$」の証明が書ける」という文と同じ意味のことを主張していることになる。この文がメタ理論の中の文であることは明らかだろう。なお「⊢」は「証明記号」と呼ばれる。

論理記号だけで書くことができる理論について、そのようにして書かれたかたちを想定した時、そのかたちを「形式化された理論」という。

5　メタ理論の形式化

形式化された理論、あるいは、形式化される理論、についてのメタ理論は、対象理論との区別をはっきりさせるため、日本語やドイツ語のような、普通のことばで書くのが普通である。もちろん、必要や便宜に応じてメタ記号をまぜてつかったりはするが。

では、メタ理論は、論理記号では書けないのかといえば、そんなことはない。論理

記号は、それぞれが区別されることは必要であるが、個々のかたちがどういうものであるかにはこだわらないということを第2章でのべておいた。要するに、論理記号は、ある集合の元であると考えておくだけで、それについての話ができることが多いのである。もちろん、その際に、記号のならべ方とか、証明の書き方についての話が必要になるが、そういう話に必要な概念は、集合論の中で定義できる。そこで、形式化された集合論についてのメタ理論を、集合論の中での話によみかえることもできるのである。その上で、このメタ理論そのものを形式化することもできる。ただし、その際、不注意にことをはこぶと矛盾におちいる危険がある。このことについてはポーランドの論理学者タルスキが一九三三年に書いた「形式化された言語における真理概念について」という論文で注意している。ゲーデルの不完全性定理の証明は、この矛盾をさけながら、メタ理論を対象理論の中に翻訳するという手法をたくみにつかうことによってえられたものである。タルスキ自身も、集合論のメタ理論がまた形式化できるという可能性をフルにつかって、「モデル理論」とよばれる、論理学の新分野の発展に貢献した。

6　科学の理論の形式化

　第4章でのべたように、ヨーロッパでは、学問の体系は、論証によって公理から定理をひきだすかたちにまとめることをめざすのが、伝統であった。エウクレイデスの「原論」はこの伝統をひらいたものといえる。そうして、ニュートンなども、その力学の体系「自然哲学の数学的原理」を「原論」のスタイルで書いたのである。

　このニュートンのひそみにならってか、物理学の理論を公理からすべてを証明するかたちに書こうとするこころみは、後をたたなかった。しかし、二十世紀になって論理学が成熟するまでは、公理のもとに知識をまとめるということの意味が必ずしもはっきりしなかったせいもあり、こういったこころみは、必ずしも成功したものとはいいがたい。

　もっとも、二十世紀の物理学を代表する二つの理論、相対性理論と量子力学とは、かなり公理論になじみやすいかたちで登場してきた。そうして、アインシュタインの特殊相対性理論は、ヒルベルトの友人であるミンコウスキにより数学的な整理を受け、今では、「ミンコウスキ空間」と呼ばれる数学的構造についての理論のかたちにまとめられるから、たとえばＺＦの中でこれを書きあらわすことができることは見やすくなっている。一般相対性理論の方は、「可微分多様体」と呼ばれる数学的構造の理論の中にくみこまれる。というより、この数学的構造についての研究は、少なくとも初期においては、一般相対性理論の刺激を大いに受けて発展したものである。量子力学は、ヒルベルトの高弟の一人で論理学の方にも業績のあるフォン・ノイマンが、「ヒルベルト空間」と呼ばれる数学的構造についての理論の中にくみこまれることを示した。ヒルベルト自身も、こうした傾向を予想してか、物理学の理論を、数学の理論のかたちに近づけることに興味を持ち、実際、相対性理論の発展に貢献もしている。もっとも、アインシュタインは、こうして物理学に「公理主義」を持込むことに対しては反撥を示しているが。

こうして新しい物理学の理論の方は、かなり早くから、集合論の中で記述できる可能性をみせていたのであるが、古典物理学、特にニュートン力学の理論の形式化がおこなわれたのは、ようやく一九五〇年代のことで、当時スタンフォード大学にいた、マッキンゼイやシュッピスの手によりおこなわれたのである。これは、ブルバキズムの影響を受け、ニュートン力学をあらわす数学的構造を求めるという手法によるものである。今、彼等の論文をみると、あっけないほど簡単な内容のものであるが、これはいわばコロンブスの卵で、彼等の手によりニュートン力学の満足のいく形式化が初めて現実のものとなったということは否めないと思う。

ブルバキズムの伝染は、自然科学をこえて社会科学にもおよんだ。時には、普通のことばでのべても十分意味が通じているところに、数学的構造の概念を生煮えなかたちで持込んで、かえって話をわかりにくくするといった行きすぎもみられはしたが、社会現象や心理現象についての理論も形式化できるのだということに人々の注目をあつめたという点では、ブルバキズムの拡散にも意義はあったと思われる。

第6章　記号の濫用

1　二つの導入のしかた

記号をつかうと、ふつうのことばで書いたのでは話が大変ながくなってしまうところでも、簡単な表現で用をたすことができることが多い。たとえば

$$\int \cos x\,dx \qquad (80)$$

などという表現は、数式としてはごく簡単な方であるがその含蓄するところをふつうのことばだけでいいあらわそうとするとこの式とはくらべものにならないほどのながい文章を書かなくてはならないことになるであろう。むろん、(80)の式の含蓄は、これにあらわれる記号の定義に依存している。したがってこの記号の定義を知らないものには、その含蓄もくみとれない。しかし、第3章までに紹介した論理記号の組と、

これで表現される集合論の公理とから出発し、次々と記号の定義を重ねて行けば、やがて（80）に登場する記号の用法に達する。この道すじはそれほどながいものではなく、それをたどるのはだれにとってもそれほど苦労なことではない。といっても、論理学の教科書と、集合論の始の部分についての解説と、ブルバキズムで書かれた初等解析学の本を読むぐらいの時間はかけなくてはならないが。

ところで、（80）に登場する「$\int$」「cos」「dx」などの記号は、実は論理記号よりは記号としては先輩である。これ等の記号がつかわれだした頃、ブルバキズムで書かれた教科書などというものもまだなかった。その頃、こういった記号のつかい方については、現代の論理学に由来する定義にくらべると、ずっと直観的な説明がおこなわれていた。多くの人はこの説明を手びきにしてこういう記号のつかい方をおぼえていた。というよりも、記号をつかって実際に計算したり、証明したりしながら、記号のつかい方を次第に身につけて行ったようである。

また、こうした実地での使用が重ねられて行くうちに、今までは使われていなかったところに転用され、記号の意味がひろがって行ったということもある。

すなわち、数学の記号の導入のしかたには、少くとも二種類ある。一つは、研究上の必要に応じてつかい始めた人が、必ずしも厳密な定義にはこだわらずに、直観的にわかりやすいいい方で使い方の方針と実例を示し、多くの人々がその説明にしたがって実地につかって行くうちに、用法がしだいにかたまり、時には拡張されたりして行くというかたちでの導入である。もう一つは、論理記号から出発して、一歩一歩、論理的に定義を重ねて導入して行くやり方である。

このことは、日常生活でつかわれていることばをおぼえるのにも二つのやり方があることを連想させる。一つは子どもがまわりの人々が話していることばをききながら自然におぼえて行くやり方である。大人でもたとえばいきなり外国での生活になげこまれ、今まで自分の話していたことばを話す人はまわりに一人もいなく、しかもその外国のことばについての教科書も手もとにないという時には、これに似たやり方でその国のことばをおぼえて行かなくてはならなくなる。

もう一つは、ふつう、大人が外国語をおぼえる時につかうやり方で、文法と字引をたよりに、一歩一歩、外国語の知識を身につけるというものである。

普通は、前者のやり方の方が、ことばをおぼえる上で能率のいいものだとされている。後者は、経済的、時間的にゆとりがないために、前者の直接法にたよれない時にやむをえずつかう、次善の方法だとされている。しかし、後者のやり方にも利点がないわけではない。意識的に外国語を対象化するので、その語法が他の国語の語法とどうちがうのかといったことに眼がとどきやすくなるからである。あるいは、単語同志のあいだの遠近関係などにも気づくのがはやいということがある。たとえば漢字をおぼえていて日本語をならう外国人は、日本語の単語を系統的におぼえる上でかなりの助けをえることになるのに対し、耳で話すのをきくのだけにたよっている人は、一応すらすら話せるようになっても、時々、かなり見当ちがいな表現をつかって平気でいるというようなことをするのである。もちろん、理想的なのは、二つの方法を併用することであろう。

現代のブルバキズムによる教科書で数学をまなぶ人にしても、ただ記号の定義を理解して満足しているだけでは、その記号をつかってのべられている数学的事実を十分マスターしたということにはならないであろう。実際にその記号をつかっていろいろなことを表現してみる練習を重ねて始めて、その記号を身につけるということになるのであろう。ただ、いきなり記号を実地につかうことに入ってしまい、その論理的な定義のことをあまり深く考えない場合にくらべて、定義にこだわった方が有利なこともある。それは、記号を使うことだけに気をとられていると、いわば記号にひきずられてしまって、つじつまのあわないことを書きちらし、話を混乱させてしまうということが生じうるからである。実際、微積分学の記号などは、かつては少々濫用されすぎて、数学界に混乱をひき起こしたりしたことがある。このことへの反省の結果、十九世紀の前半に、記号のつかい方をふくめて、数学のそれまでのやり方を、論理的に筋のとおったものに修正しようとする動きが起き、いわゆる解析学の厳密化がおこなわれたのである。ブルバキズムには、この厳密化に始まる流れがつながっている点がある。

2 クラス表現

論理記号は、変項をのぞけば解析学の厳密化のあとでつくられたものであるけれども、それでも、うっかりするとそれにひきずられておかしなことを書いてしまうことになりかねない。このことのわかりやすい例をのべる準備としてまずクラス表現というものを紹介する。

「∈」は、前に説明したように、一つのものがある集合に元として属することをあらわすための記号である。「集合」というとかたくるしくきこえるけれども、これも前にいったように、昔からつかわれていた「種類」の概念とほぼ同じものと考えてよい。ただ、昔ながらの種類の典型は、生物の種類とか、物質の種類とかいったもので、その元になる個物は、日常の生活で身のまわりにあり、五感でその存在がたしかめられるものだった。それをたとえば一つの条件をみたす数の全体を一つの集合とみなすというように、抽象的なものの世界にまで集合の概念をひろげたところが、集合論の新しいところである。そうして、条件によって集合を指定するという考え方は、潜在的には、昔からつかわれていた面があるが、これをあらためてはっきりとりだしたところが、もう一つの新しい点である。これによって、論理学は、きわめて強力な定義の方法を手にいれたのである。これを記号で書けば次のようになる。

{a|——a——}　(81)

ここで「——a——」は、変項「a」をふくむ文の形式で、一つの条件を示す。そうして(81)に書かれた表現は、この条件をみたすもの全体からなる集合を示す。たとえば

{a|aは実数で、3≦a＜5}　(82)

は、数学で「実数線上の半開区間」と呼ばれる集合の一種で、ふつうは

[3, 4)　(83)

と表示されるものである。

{a|aは人である}　(84)

は、人類をさす表現となる。(81)は、「クラス表現の形式」と呼ばれる形式である。この形式をみたす表現が一つの集合を指示するものであることは、今のべたとおりである。「{」「|——」「}」はこの形式のために新しく導入された論理記号だとしてよい。

以上の説明から、次のこともたやすくわかる。

b∈{a|——a——}なら、bは、「——b——」で示される条件をみたすし、その逆もなりたつ。　(85)

もっとも「——a——」のところにはいるべき条件が

aはかなり大きな数である　(86)

といったものだと、任意の数をとった場合、(85)によって指定される集合にこの数が属するかどうかがはっきりしない。「かなり」ということばの意味があいまいだからである。そこでそのようなことをさけるために、「——a——」のところに入る表現は、論理記号で書かれたものにかぎるとする。そうして変項は、「a」だけをふくむものとする。そうすれば、一つのものが、「——a——」のところに入っている表現で示される条件をみたすかどうかはつねにはっきりさだまることになるから、さきほどの難点はさけることができる。

3　定義の例

クラス表現を使っておこなわれる定義の例を二、三あげよう。

$$\phi : \{a \mid \neg(a = a)\} \qquad (87)$$

これは、「空集合」と呼ばれるものである。どんなものでもそれ自身と同じものであるから

$$\neg(a = a) \qquad (88)$$

という条件をみたすものは一つもない。だから、中には一つも元がない。そこで「空集合」という名がついている。「集合とはもののあつまりのことなのに、元が一つもないというのは、おかしい」と考える人がいるだろうが、空集合を集合の仲間に入れておくといろいろ便利なことがあるので、論理学や数学ではもうかなりながいこと、空集合をみとめている。日常生活でのことばでも、「河童」は動物の種類の名前であるが、河童の存在を信じない人からみれば、この種類はこれに属する個体が一匹もいないような種類、つまり空集合である。

$$V:\{a \mid a=a\} \quad (89)$$

これは、空集合とは反対に、あらゆるものが属している集合である。ふつうのことばでいえば「宇宙」にあたる集合といってよいであろう。「V」は、英語で「宇宙」にあたる“Universe”の〝v〟からきていると思えばよい。

$$\{\phi\}:\{a \mid a=\phi\} \quad (90)$$

これは、元としてϕだけを持っている集合である。さて、二つの集合a、bの元の個数が同数であることを

$$a \sim b \quad (91)$$

と書くが、この「～」は、論理記号だけをつかって定義できることが知られている。すると、

$$\{a \mid a \sim \{\phi\}\} \quad (92)$$

という定義が書ける。これを、数1の定義としようという提案が、集合論がつくられて間もなくおこなわれた。そうして、数の全体を

$$\{a \mid \exists x(a=\{b \mid b \sim x\})\} \quad (93)$$

として定義しようということになった。つまり、(93)の元を、自然数、および自然数のものの個数をかぞえるはたらきを無限集合の元の個数にまで拡張してえられる基

数、と考えようというのである。こうすると、自然数についてこれまでに知られている性質が、この定義から演繹できる。このほか、さまざまな数学的な概念が、クラス表現をもちいると、ごくわかりやすいかたちで定義できるのである。

4　ラッセルの矛盾

ここまでは話がうまく行くのであるが、実は、クラス表現の形式をやたらにつかうと矛盾が生ずるのである。その単純な例は次のものである。

R: {a｜¬(a∈a)}　(94)

こうして定義されたRについて

R∈R　(95)

と仮定すると、Rは自分を指定する条件をみたすことになるから（(85) 参照）

¬(R∈R)　(96)

となる。すなわち

(R∈R)∧(¬(R∈R))　(97)

という矛盾がみちびき出される。この矛盾は (95) を仮定したことから生じたのであ

るから、(95) は否定されなくてはならない。すなわち、無条件に

$\neg(R \in R)$ (96)

をみとめなくてはならない。しかし、(96) が成立つということは、(85) によって

$R \in R$ (95)

でもあるということである。つまり、今度は仮定なしに矛盾

$(R \in R) \wedge (\neg(R \in R))$ (97)

となる。この矛盾はもはやさけようがない。

この矛盾は、ラッセルが最初にみつけたので「ラッセルの矛盾」と呼ばれる。

このような矛盾が生じた原因をさかのぼって行くと結局、「クラス表現の形式をみたす表現はすべて一つの集合を指定する」とする考え方に責任があることがわかる。この考え方をいいかえると

論理記号で書かれ、変項を一種類しかふくまない文の形式によって表現されている条件は一つの集合を指定する (98)

となる。この (98) は、「包括の原理」と呼ばれ、集合論の初期には無批判に奉ぜられていたものだった。くわしくいうとその頃は必ずしも論理記号はつかわれるとはかぎらなかったが、実質的に (98) と同じことになる考え方が行われていたのである。

クラス表現の形式の使用は包括の原理と表裏一体をなすものである。

矛盾の発見以後、包括の原理はもはやそのままのかたちでは維持できないものとなった。その結果、初期の集合論の修正版としてのZFのようなものがあらわれることになったのである。ZFでは空集合の存在はみとめるものの、Vを集合としてみとめることはしない。自然数や基数の定義にも(93)は採用しないのである。一般に、クラス表現の形式だけをつかって集合を定義するということはしない。だからこの本でも、第3章までに紹介した、基本的な論理記号の仲間に、クラス表現のための記号はいれてないのである。

ただし、クラス表現の形式による定義には便利なところもある。そこでZFでも、矛盾をみちびかないように、その用法を制限した上でこの形式の使用をみとめることがある。ただし、これは、基本的な論理記号によってそのつかい方を定義することによってである。つまり、クラス表現の形式をつかわないでもすべてのことがいえるようにZFはできているのである。

5　帰謬法

前節で仮に「R」と名づけた集合は、その存在をみとめると矛盾がもたらされるというので、ZFではその存在を否定している。では、矛盾が出てこなければ、どんな集合でも存在するとしてよいのだろうか。

歴史的につかわれてきたさまざまな数や、物理学者などでつかわれるさまざまな空間が、集合として定義されるのをみるのは、意味のあることである。この定義により、そういったものの性質がすじのとおったかたちで理解できるようになるからである。無反省に、記号をあやつる計算をつづけて、時々、つじつまのあわない結果をえる、などといった危険もさけられる。

しかし、ZFの中では、制限づきとはいえ、包括の原理に似たものがみとめられているので、これ（と、時には、ほかの公理の助け）をつかって行くと、ずいぶん自由に、さまざまな集合が定義できる。そういうものの存在をみとめても、おそらく矛盾におちいることはないだろう。しかし、だからといってそういった集合の存在をみとめてよいものであろうか。たとえば論理学者の中には、さまざまな不思議な性質を持った集合の存在をみとめ、その研究に熱中している人もいる。しかし、そういう研究は一体、何の役に立つのであろうか。こういった疑問が時々、提起されるのである。

論理記号は何のためにつくられたかというと、正しい論証の基本単位としての推論の形式を示すためであった。この方面での論理記号の有用性は、まず明かだったといってよい。現在ではコンピュータに人間の思考と似たものをおこなわせるためのプログラムを書くのにも、論理記号の体系にヒントをえたものがつかわれている。

ついで、「集合論の矛盾の問題を解決するためには、集合論が論理記号だけで書きあらわせたかたちを想定し、この想定されたかたちについてのメタ理論的考察をおこなうのがよい」とするヒルベルトの提唱があった。集合論が完全に矛盾から自由であることを証明するのには、ヒルベルトの方法は不十分であることがわかったが、個々の重要な矛盾を発見し、それを除去する上では、ヒルベルトの提唱したやり方は、今でも大変役に立っている。また、「新しい公理をZFにつけ加えると数学の展開の上でいろいろ便利なことがあるのだけれど、そのことで矛盾が起きる危険はないか」ということが問題になることがある。実際に「選択公理」とよばれる公理についてこのことが問題になった時にゲーデルは、「ZFに矛盾がないとすれば選択公理をZFにつけ加えても矛盾は生じない。いわば選択公理自体には矛盾への責任はない」ということをヒルベルトの提案にそう、あるたくみな方法をつかって示したのであった。こういう方面では、論理記号は大いに役に立っているといえる。

しかし、その論理記号で書かれる集合論の中で、記号操作によって次から次に、実用的にはあまりつかいみちもなさそうな集合の概念を定着して行き、その性質の研究に時間と精力をそそぎこむ人がふえてくるとなると、記号にひきずられて架空の世界に遊んでいるにすぎないのではないかという印象が生ずることも否めない。

ここで、「記号をつかうことの意味はどこにあるのか、役に立つとはどういうことか」といった問題にたちいって考えてみる必要が生じた。次章以下ではしばらくこの問題を追ってみたいと思う。

第7章　ものごと

1　架空と実際

架空の世界に遊ぶことを楽しむということは、ずいぶん昔から行われてきたことのようである。古くから伝えられてきた神話や伝説のようなものは、昔の人にとっては、事実をのべたものだったかも知れないが、現代人は、むしろ、これらを架空な面のある物語として鑑賞することが多い。そうして、おとぎ話のようなものは古人にとっても架空の話と受けとられ、そのような了解のもとに、好んで語られ、伝えられてきたものと思われる。芝居が演ぜられるようになったのもかなり昔からのことと思われるが、舞台の上で演ぜられることが架空のことであることが多いということは誰でも知っていることである。

このような例をあげたのは、架空のことと、実際に起ったこととの区別が誰にでもよく知られているはずのことだということを確認するためである。しかし、この区別がわかりやすいものだということと、個々のことがらについてそれが実際のことがらか、架空のことがらかを区別することがいつもたやすいということとは同じことではない。話術に優れた詐欺師がありもしないことをさもあることのように人々に思いこませることがあるということはよく知られていることである。しかし、詐欺師の話はやがては事実ではないことが露見してしまうことも多いものであるが、ここでは、架空のことであるのか、事実であるのかについて哲学的なあらそいがまだつづいていることがらのことについてしばらく論じてみたい。

2 唯名論

実際起きたできごとの例をあげろといわれたら、身の回りに起きたことがらをあげるのがいちばんてっとりばやいであろう。そのようなことがらの中に登場してくる、家族、友人、同僚、といった人たちは、いうまでもなく、実在の人物である。また、そのことがらがたとえば、家族の一人が、電話が鳴ったのであわてて飛んで行き、そのためテーブルを倒し、その上にのっていた金魚鉢がひっくり返ったという事件だったとすると、電話機もテーブルも金魚鉢もその中の水や金魚も、もちろん実際に存在しているものである。こんなことは、わざわざとりたてていうまでもないほど、明かなことであると思われるが、しいてこのことの証拠を求める人がいたとすれば、この事件の目撃者は、自分が見たり、きいたりしたことなのだから、たしかなことなのだ、とでも答えるほかはないであろう。実際、世の中で一番たしかなことは、目や耳などの感覚器官をつかって実際に経験したことであると思われる。

これに対し、前の章までにさかんに話題にしてきた集合のようなものは、見ることも、手でつかむこともできない、抽象的なものである。この点では、集合は、架空のものに似ている。ただし、集合の中には、名前がついているものもある。空集合はその一例だった。また、「自然数全体からなる集合」というのも、一つの集合を指す表現である。「人」、「電話機」、「テーブル」、「金魚鉢」、といったことばも、ものの種類を指すと考えられるかぎりでは、集合の名前ととってよい。前にのべたように、種類の概念を一般化してえられたのが集合の概念だからである。哲学者の中には、こういった名前が指す相手は実際には存在しないのだと主張するものもある。こういう哲学者のことを、「集合は、唯、名だけがあるにすぎず、実際には存在しないものだ」と主張しているというので、「唯名論者」と呼ぶことがある。これに対して、「集合は実在する」と主張するものは、「実在論者」と呼ばれる。

論理記号をつかってさまざまなことがらを書きあらわしたり、メタ理論的考察によって、論理記号だけによって書きあらわせるはずの理論の構造を調べたりしていると、このように記号をとりあつかっていることの面白さにひきずられて、現実のものごとは何の関係もないような、一種の遊びに時間をつぶしてしまうことになりかねないおそれがある、ということを前にのべたが、このおそれを抱く人にとっては、唯名論の主張はもっともに思えるのではなかろうか。事実、多くの哲学者が、少くとも哲学の研究の初期においては、唯名論に強く引かれるという事実があるのである。

3 形而上学

唯名論にも、いくつもの種類がある。個々の自然数の存在はみとめるが、自然数全体の集合はみとめず、一般に集合の概念はつかわずに、数学をしようとする人々は、「数学的唯名論者」と呼ばれる。しかし、哲学の方でもっと人気があるのは、「感覚的唯名論」である。この立場によれば、実際に存在するのは、五感でふれることができるものだけなのである。哲学のことは何も知らない人の中にも、「この眼でみたのだから、まちがいない」、「この世の中に五感でつかまえられないものなんかないんだ」などといったことを好んで口にする人がいる。このことからも、感覚的唯名論に人気があることは、察せられようというものである。五感の中でも特に重んぜられるのは、視覚である。眼でみえるものにはかたちがあるので、しばしば、五感でふれることのできるもののことを、「形のあるもの」という。時には少しかたいことばで「現象」と呼ぶこともある。

実在論は集合の存在をみとめているから、かたちのあるものをこえたところにも事物が存在することをみとめていることになる。一般に現象をこえたところに存在するものをみとめ、そのような事物のことを論じようとする立場を「形而上学」という。哲学者の中には、形而上学こそもっとも大切な学問だと考えている人もいるが、感覚的唯名論者にとっては、形而上学は、勿論学問の名に値しない似而非学問である。感覚的唯名論者が論争において相手を「君のいうことは形而上学だ」といってきめつけているときには、最大級の悪口をいっているつもりなのである。

4 名前

度々のべたように、普通名詞は、単独ではものの種類、つまり集合を指すのにつかわれるのが、例である。「人は、男か、女か。また、せいは、高い方か、低い方か」などというのは、意味をなさない問である。「人」と何の限定もつけずにつかったときには、このことばは、特定の個人を指さずに、人一般を指すことになっているからである。具体的な状況のなかで「この人」というように限定をつけてつかってはじめて、このことばは、特定の個人を指すことができるようになる。

ところで、今特定の状況において「この人」という表現が特定の個人を指すといったが、この個人は、五感によってとらえられるものであろうか。たとえば、その状況に複数の人がいあわせたとして、どの人にも、その個人は五感によって同じようにとらえられているのであろうか。少し厳密にものをいおうとするなら、そうはいいきれないことがすぐにわかる。視力がちがっていれば、その人のすがたをはっきり見る人と、ぼやけたかたちでしか見られない人とがいることは、たやすく察せられよう。色の感覚にも個人差がある。感覚器官の能力にまったくちがいがないとしても、その状況の中でどの位置にいるかによって見えるすがたや、その大きさ、きこえる声などは当然ちがってくるはずである。また、その特定の個人自身は、自分のすがたを見るまでもなく、また、自分の声をきくまでもなく、自分が存在していることを知っている（つもりでいる）。このように、人によってさまざまなかたちにとらえられる状態が、いずれその特定の個人に属するものであることを、普通、人は疑わない。

しかし、感覚的唯名論者にとっては、そう簡単にものごとははこばないのである。さまざまな姿に見えている、その特定の個人自体は、それらの姿とは一応独立なものと考えられる。なぜならその人間以外にだれもその人間を見る他人がいない場合にも、その人間は存在していると考えるのが普通だからである。こういった個人の存在をみとめることは、五感でとらえられるもの以外の存在をみとめないとする感覚的唯名論の立場に反することである。だが、一方、感覚的唯名論者も、日常生活では、個人というものを指す名前や表現をつかってくらしていることは事実である。このことと、その立場とを両立させるために、感覚的唯名論者の中には、特定の個人に言及している言語表現は、五感でとらえられるものだけしか引合いに出さない表現に翻訳することができるはずだと主張するものもいる。しかし、今までのところこの翻訳を完全なかたちでしあげたものはいない。もっとも、実際に翻訳を完成しなくても、その可能性が示せれば、哲学的な主張としては成立するという議論もありえる。数学の全体を実際に論理記号だけをつかってかきあらわしたような本が一冊もなくとも、そのような本が書けるはずだという可能性が示せただけで、数学を統一的にとらえられるようになったことをおもいおこしてほしい。感覚的唯名論の場合には、この可能性の証明にさえ失敗しているという批判もある。この批判にもかかわらず、感覚的唯名論の主張をもっと同情的にみる余地もあるように思われるが、この点にふかいりすることは、哲学の書物にゆずることとしよう。

その点はともあれ、ここで明らかになったことは、たとえば特定の個人を指す表現をふんだんにつかって話されている、日常生活でのことばは、感覚的唯名論者の注文にあてはまらないものだということである。

5 実体

特定の個人の姿が見る人によってさまざまであることは、今のべたとおりである。同じ一人の人間が、その個人の成長を追っている場合にしても、成長につれてその個人の姿や大きさ、性質といったものがどんどんかわっていくのも、当然のことである。しかし、そのような変化にもかかわらず、その個人は、同一人物としてとどまっているとするのが、普通の考え方である。人間以外の生物の個体、あるいは、より一般的に、個々の物体についても同様な考え方がおこなわれている。このような、現象のいわば背後にあってこれをささえているように思われるものを、「実体」と呼ぶことがある。

実体の存在をみとめるかどうかをめぐって、やはり昔から哲学的論争が繰り返されてきた。集合の存在は承認する実在論者の中にも、個人や生物の個体、あるいは、個々の物体のようなものは、みとめない人もいる。事実、親も見分けのつかないほどよく似た双子をただ一人の人間とまちがえていたという話はよくあることで、こういうことを考えると、実体が仮に存在するものだとしても、これについて絶対たしかな知識をえようとするのは果されない野望だと主張する哲学者もいる。また、生物の中に、群体と個体との区別のむずかしいものがあることも、知られている。さらに、量子論以後の物理学では、古典物理学時代の個物の概念が通用しない場面も出て来る。では、たとえば個人の存在を前提しているようにみえる日常生活での言語表現の役割をどうとらえるかといえば、すがたを一つの集合にくくる役目をしているとみればよい、と、この立場の哲学者はこたえるのである。テレビの画面の上でアニメイションの主人公が活躍しているのをみているとき、実際にみているのは、さまざまな色の点の配置が時間のたつのにつれていそがしくかわって行くありさまにすぎない。しかし、みているものは、その配置の変化の部分部分を、適当にまとめて、主人公の行動をみてとっている。つまり、画面せましとあばれまわっている主人公とは、そのような配置の集合にほかならないと考えられる。個人や個物のこともそのようなものだと考えようというのが、この種の哲学者の主張なのである。

6 心

霊魂の不滅を信じたり、来世があると考えたりしている人には、この主張は受入れにくいもののように思われるかも知れない。しかし、心もまた、普通は、状態が時間とともに変化するものと考えられている。それなら、心をその状態の集合にほかならないものと考えることもできるわけである。実体を否定することは、必ずしも来世の否定にはつながらないのである。

それにしても、実体としての心の存在をみとめる方が、多くの宗教の信者にとっては受入れやすい考え方のようである。他方、唯物論的な傾向の人はともすれば心の存在を否定しようとする。

実際、心は、身体、あるいは、物体一般とちがって、五感ではその存在はたしかめられないものである。表情、身のこなし、わけても言語活動からその存在が推定されるものにすぎないと、多くの人は考えている。この推定にあやまりがありうることは、コンピュータをみればわかる、と、この人たちはいう。よく知られているように、このごろの発達したコンピュータは、かなりよく、人間の言語活動をまねるが、だからといって、コンピュータに心があるということにはならないというわけである。この議論の進め方に対しては、また、さまざまな反論があるのだが、今はこの議論には立入らないことにして、次の点だけに注意しておこう。それは、コンピュータに心があるかどうかはともかく、コンピュータの設計は、普通「心についてわれわれが知っていることがら」とよばれるであろうものにもとづいているということである。たとえば、今問題にしているコンピュータの言語活動であるが、機械語だけで書かれたプログラムはごく少数の人以外には、大変わかりにくいということがあったからこそ、さまざまな高級言語が開発されたのである。そうして、「わかる」とか、「わからない」とかいった表現は、心の状態ないしは能力をさすものととるのが普通である。つまり、コンピュータはいざしらず、人間には心（あるいは、少なくとも、心の状態）があるのだとすることが常識となってコンピュータの設計はおこなわれているといってよいであろう。

大脳生理学の進歩につれて、心についての言語表現は次第に脳のはたらきについての表現でおきかえられ、やがて、心の概念はまったくいらなくなる日がくるであろう、と予想している人もいる。しかし、少くとも現在のところ、当の大脳生理学者たち自身が、脳のさまざまな部分のはたらきを、心のはたらきと関係させてのべているのである。「記憶をつかさどるところ」、「感情と関係の深いところ」といったように。つまり、心の概念は、現在においては、決して死んではいないのである。

7　ものごと

何が架空のことがらで、何が実際に存在したり、起ったりしていることがらか、をめぐって、哲学者のあいだにあらそいがある例をいくつかとりあげた。哲学というと、浮世離れした学問のようであるが、これらの論争は、実は、日常生活の場面でもよくおこることのある論争についてよく似ている面があるものなのである。どこがそうなのかについては、読者にお考えいただくことにしよう。

さて、興味深いことは、これだけ、さまざまな立場があるにかかわらず、哲学者のあいだでコミュニケイションが可能であるということである。論争はそもそもコミュニケイションが可能だったからこそ生じたものなのである。そうして、多くの哲学者が、架空なことがらと、実際にあることがらとの区別があることについては同意するであろう。意見が一致しないのは、この区別がどこにあるのかという点についてである。

架空ではないもののことを、哲学の方では、「実在」、「客観」、「現実」などと呼ぶが、ここでは、もっとひらたいことばをつかって、「ものごと」と呼ぶことにしよう。もう少しくわしくいうと、記号なり、ことばなりをつかってなにごとかをのべようとしているものがいるときの、当のそのなにごとか、を「ものごと」と呼ぼうというのである。そのようにのべられたことについて、人によっては、その実在性を疑ったり、否定したりするということがあるかも知れない。しかし、そのことをのべている当人が何をいおうとしているのかはわかるように感ずることも多いであろう。そのような状況のあることを考慮して、いわば中立的な立場から「ものごと」ということばをつかうことにするのである。

第8章　話

1　意味

「記号」ということばは、第1章でのべたように、時にはずいぶん広い意味にもちいられる。この点のことは、第11章以下であつかう予定であるが、この章では、ごく広い意味での記号と、第6章までに紹介してきた論理記号のようなせまい意味での記号との中間にあるような記号、すなわち日常生活でつかわれていることばについて論ずることからはじめて、記号とものごととの関係を考えてみることにしたい。

ことばはもともと口をつかい、声に出して話されたのが本来のかたちと思われるが、ここでは簡単のために、字で書かれたり、印刷されたりするときのことば、いわゆる書きことばのことを中心にして話をすすめていく。

さて、書きことばの基本単位としては、字があげられるのが普通である。漢字のような「表意文字」と呼ばれる文字は、一つ、一つが意味を持つとされるが、仮名やアルファベットのような表音文字の場合には、個々の文字について、それがどういう意味をあらわしているかを問うことはできないとされる。しかし、このような文字をつらねてつくられる単語のばあいには、意味がある場合があると、よくいわれている。特に名詞がこのような意味のある単語の例にあげられることが多い。しかし、こういうときの「名詞の意味」とは一体何であろうか。その名詞が指しているものがその名詞の意味だとする人もいる。この考え方は、存在しないものの名前になっている名詞の場合に困難にぶつかる。たとえば唯名論者にとっては、集合は存在しないものなのだから、集合の名前、種類を指す名詞はすべて意味のないものだということになる。それでは、唯名論者が「人というものは存在しない。あるのは、個々の人間だけだ」と主張するとき、その主張は意味のない部分をふくんでいるから、全体としても意味のないものだということになりかねない。同様に、無神論者も意味のあるかたちでその主張をのべることはできないことになりそうである。「神は存在しない」という主張の中に意味のない名詞、すなわち「神」がふくまれているのだから。

この困難をさけるために、すべての名詞ないしこれに類する表現に応じて、それによって指示されているものが存在すると主張する人もいる。しかし、それでは、集合も、神も存在するのがあたりまえのことになってしまうので、唯名論者や、無神論者がその主張をのべることはできないという事情は残る。むしろ、名詞の意味は、条件をのべることによって示されると考えた方が妥当ではあるまいか。たとえば、ある種の宗教の信者が考える神は、宇宙全体をつくりだしたものであり、人格(神格?)をそなえ、全知全能であり、つねによいことしかしないものである。このような条件をそなえたものが存在するとその信者たちは信じているし、一方、その宗教の説くところをみとめない無神論者は、そのような条件をみたすものは存在していないと主張しているのである。このように考えれば、すべての名詞に対応してこれによって指示されるものが存在するとする極端な考え方をしなくともすみそうである。しかし、条件を示すのには、当の名詞以外に多くのことばを動員しなくてはならない。名詞の意味は、それが指すものだとする考え方では、少くとも存在するものを指している名詞については、ほかのことばとは無関係にその意味がきまるとすることができる。このことが魅力となってのことかと思われるが、名詞、ひいては、単語一般について、その意味となっているはずの実在の事物を求めようとする傾向は、あとをたたない。

この傾向は、特に「意味」ということばについていちじるしい。このことばは、局面に応じて種々さまざまなつかいかたをされることばであり、したがって、意味も多様であるといいたくなるが、このいいぶんも、「意味」の意味が一つに決まっていなくては、内容がはっきりしなくなるという逆説的な事態があることはみとめなくてはならないのであろう。この逆説的な事態をさけようとして、「意味」の統一的な定義になるはずのものが、いくつも提案されている。この種の定義の多くは、「意味」が指示しているはずの単一の事物をもとめようとしている。しかし、そのような事物として人々が一致してみとめるようなものはまだみつかっていないといってよいであろう。かなり多くの局面においてのこのことばの用法をうまくおさえたようにみえる定義が提案されても、やがてその定義のあてはまらないような用法がつくられるからである。たとえば、「意味が通ずる」という表現は、「話が通ずる」とほとんど同義語としてもちいられることがあるが、話が通ずる局面にも、種々さまざまなものが考えられるようになるのである。まったくちがった国語を話しているもの同志の対話は話が通じないものとするのが普通であるが、このような対話においてかえって話が通ずる局面も考えられないことはない。たとえばことばの通じないもどかしさを共有していることがおたがいの表情から読取れるため、ことばが通ずるもの同志の対話の場合よりも連帯感がかえって増すということもないではない。こういう場合のコミュニケイションについてもさまざまな報告がある。

2　分節性

個々の単語についてはっきりした意味を求めようとする考え方は、今のべたような困難がつきまとうため、このごろの哲学ではあまり人気がないが、この考え方が同情をひく事情もある。それは、ことばがいわゆる分節性をそなえているという事情である。つまり、さきほどのべたように、書きことばには、基本単位としての字、あるいは、句読点といったものがあり、その上の単位としては、単語があり、さらに、単語がつらねられてできる、句、文、があり、文がつらなって文章ができる。逆にいえば、全体として一つのまとまった主張、あるいは、情景描写をおこなっている文章は、何段もの層をなしている部分に分解できるのである。そこで、文章全体の意味も、部分、部分の意味の合成としてさだまらないかと考えたくなるのも無理からぬことといえる。論理記号や、コンピュータ用の高級言語の中のある種のものは、比較的この注文にはまりやすくつくられている。日常生活でつかわれていることばも、大昔はじめてつかわれだした頃は、そのような性格をそなえていたかも知れない。そのことは、猿に今、人間とのコミュニケイションのために教えていることばがそのようなものであることからも察せられる。しかし、現代の日常生活でつかわれていることばは、こういったことばにくらべると、はるかに複雑な構造をもっているものであり、その用法もきわめて流動的である。部分からの意味の合成という考え方は、結局みのりの少いものになりそうである。

それより重要なことは、この分節性と関連のあるかたちで、ことばによってのべられるものごとに、分節性があるということである。といっても、この関連は、単語の一つ、一つに、ものごとの基本単位が、一対一に対応するといった簡単なものではない。たとえば、前章で例にとった、電話機にあわてて飛びつこうとして、テーブルとその上の金魚鉢を引っくりかえした人間の話を考えてみよう。この簡単な話のなかにも、個人、電話機、テーブル、金魚鉢、といった事物が登場しており、それらの事物の空間的配置が時間とともに変化したありさまというものが少くともこの話でつたえられるべきものごとの一部としてふくまれている。もちろん話の内容はこれにつきるものではないが、配置が空間の分節性と関連していることはわかりやすいし、変化が時間の分節性を前提にしていることも明かであろう。電話の音を、誰かが自分とのコミュニケイションを求めているしるしと受取ってあわてて動作をおこした人間の一連の行動についても、心身の両面に関連したさまざまな分節を考えることができる。こういった、さまざまな分節性のあるものごとをのべるために、ときには、その分節を明かにするために、ことばはもちいられるのである。第12章で論ずるように、絵もまたものごとの分節を示すためにつかわれることがあるが、一般にことばは、分節を示す上では、ほかの表現手段よりも雄弁であることが多い。

たとえば「電話機」ということばの意味は、特定の個物を指示することにつきるものではない。しかし、特定の文脈の中で「この」ということばや、適切な指示の行為をともなわせてつかうことにより、特定の事物を指示するようにつかうこともできるのである。

3　話の両面

うるさいことをいうと、今の例での「電話機」ということばにしても、たしかに特定の電話機を指示しているとはいいきれないかも知れない。たとえば電話機とみえたものは、おもちゃ、すなわちまがいものにすぎないかも知れない。しかしそのことを知らないまま、この事件のことを報告している人の話の中では、この指示の役割を果すという期待のもとにこのことばはつかわれているのである。一般に記号は、ものごとについて何ごとかをのべるためにつかわれるものといってよいが、この目的はうまく果されたといってよい場合とそうではない場合とがある。ことばによってつづられる話についても同様なことがいえる。そこで、話も記号の一種としてあつかってよいことがある。もっとも、記号としてはかなり大部なものということになるが。

では、話が記号としての役割をうまく果せなかったということは、どのようにして表現されるのか。普通は、それもふたたびことばによってである。つまり、何が事実であるかについての話Aがあり、この話との関連でもうひとつ別の話Bが記号として成功しているかどうかが語られているのである。もちろんAについても、それが事実を果してつたえているかどうかを問題にすることはできる。しかし、そのときには、また別の話Cが事実にもとづいている、いわば審判官のようなものとして登場することになるのである。このことは、科学の進歩といわれていることがらのことを考えるとわかりやすいであろう。後代の科学者は、昔の学問がどれだけ正しかったかを論ずるときに、自分にとっての現在の科学ののべるところを基準にするのが普通である。

こういうわけで、話には、記号としてものごとについて何ごとかをのべようとする面と、ほかの話の記号としての成否を判定するための基準を提供する面との両面がある。

記号論も一つの話である。そこで、事実をあたえる話を一つ固定しておいた上で記号論をおこなうこともできる。生物学、あるいは、生物学の一つの発展段階の事実を伝えているものとした上で記号の役割について論ずるのは、その一例である。そのような記号論にも大きな価値はあると考えられるが、ここではむしろ、事実をあたえるはずの話が場合、場合によってかわりうるという流動性の方に注意をひいておきたい。話にそれなりのさまざまな分節性があることは、わかりやすいことであろう。いわゆる、起承転結はその一例である。話が事実を伝えているものととらえているときには、この分節性の少なくとも一部は事実そのものの分節性であるととらえることがある。

4　話の多義性

記号ないしことばがのべようとしているもののことをいうための中立的なことばとして「ものごと」ということばを、前章の終りからつかうことにしている。そこでたとえば、「テーブルがひっくりかえされた」という文について、この文があつかっているものごとはどういうことか、という問のことを考えてみよう。この問に対する一番手っとり早い答は「テーブルがひっくりかえされたこと」というようにその文をそのままつかった答であろう。この答が正しい答であることに異論は少いと思われる。しかし、追いかけて、「そのテーブルはどんなものか」ときくとすると、答はさまざまにわかれうる。ごく素朴なひとは、自分にみえるとおりのかたちをしたテーブルのことだというであろう。みえるかたちや色に個人差があるということに気づいているひとは、みえるかたちそのままではないが、多かれ少かれそのかたちと似たようなかたちのテーブルのことだというかもしれない。実体の存在を否定したがる人は、そのとき、そのときにみえる姿の集合がテーブルなのだというかもしれない。古典物理学の概念で物体のことを考える人のなかには、さだまったかたちをしたテーブルなどは実は存在していないので、時間につれてたえずおたがいの位置をかえている原子のあつまりがあるだけなのだが、そのあつまりが人間には安定したかたちをしているテーブルにみえるのだ、というかもしれない。量子論的なもののみかたをする人は、このいいかたも否定し、日常生活のことばではかならずしも正確にはいいあらわせないことを、記号や数式をつかっていうかもしれない。「ひっくりかえされた」という表現についても同じようにさまざまな意味づけが可能である。

つまり、一つの文が複数の人からよく意味のわかったものとしてうけとられ、そのうえその文が正しいものであるということについて意見が一致しているときにも、その文がかかわりあっているものごとがどんなものであるかについての意見が一致しているとはかぎらないのである。では、哲学的なことはあまり考えず、物理学のことも持ち出さないような普通の人々のあいだならこの一致が期待できるであろうか。ことばの意味のなかには、そのことばによって連想されることがらもはいっているとされることが多い。このような意味が、そのものごとに関係しているとすれば、ごく普通のひとのあいだでも、そのものごとについての意見が完全には一致しないと考えたほうが適切であろう。「ひっくりかえされた」のが故意によることと思う人もいるであろうし、過失によることにすぎないと思っている人もあろう。そのことを何かの前兆と考える人もいようし、そのような考えを迷信だとして否定する人もいよう。こういうことを考えれば、実在論をめぐる哲学的な論争や、物理学の発展のことなど考慮に入れないことにしても、ものごとについての人々の意見は完全には一致していないのがむしろ当然だということがわかるのである。

しかし、ここに甲、乙二人の人がいて、かなりながい話丙が正しいことについて意見が一致し、丙の中に出て来るすべてのことばについてそれがどのようなものごとについてのものであるかをたずねる問に対してまるであらかじめ口裏をあわせていたかのように常にまったく同じ答をするとする。このときには、甲と乙との双方にとって丙がかかわっているものごとはまったく同じものだといってよいであろうか。そうはいいきれない。このことは、次にのべるような論理学上の事実からも察せられるのである。

論理記号だけで書かれた文のことを「命題式」というが、この命題式のうち、変項をふくまないもののことを論理学の方で単に「文」と呼ぶことがある。この意味での文の組丙があり、丙の文がすべて正しいものであることについて甲乙二人の人間の意見が一致したとする。またこれらの文の全体から論理的に導き出される文の中には矛盾はないものとする。そうして実際論理的に導き出された文についてはそれがすべて正しいことについても甲乙二人がすべて一致したとする。しかし、このような一致がどんなに数多くつみかさねられたとしても、だからといって甲と乙とがそれぞれ考えているものごとが同じものだという保証がえられるわけではないのである。たとえば、丙がZFの公理の組だとしよう。その上ZFには矛盾はないと仮定する。すると、第5章でのべたように、不完全性定理から、ZFの記号で表現されている文でありながら、それ自体も、その否定も、丙からは証明できないもの丁が存在するのである。しかし、丁の数学的内容は大変いりくんでいる上に、普通数学で論ずる問題と丁とは直接の関係がないから、丁については甲乙が論じ合うことはないということもおおいにありうることである。つまり、甲は丁を正しいと考え、乙は丁の否定の方が正しいと考えているにかかわらず、甲と乙との数多い話合いからはそのことはわからないということもおおいにありうることなのである。しかし、このようなことがあった場合には、甲と乙とが同じものごとについて論じていたとはいえないであろう。

このような論理学的事実は、直接には論理記号による表現にあてはまることとしてのべられているのであり、普通のことばによる表現は命題式によるものよりははるかにいりくんでいる。しかし、この事実と似たことが、普通のことばによる表現についてもなりたつことを察するのはそうむずかしいことではない。

5 変項としての話

こういうわけで、二人の人、あるいは一般に複数のひとのあいだでなめらかにコミュニケイションがおこなわれ、つねに全員の意見が一致していた場合にもそれぞれの人が考えているものごとはたがいにくいちがっているということが可能である。つまり、それぞれの人が個々のことばにあたえている意味づけは必ずしも同じものではないのである。

　では、コミュニケイションがなりたっているということをどのように理解するべきであろうか。コミュニケイションにはもともと「共有させる」という意味があり、ことばによるコミュニケイションの場合、共有されるのは、ことばによってつたえられるはずのものごとだと考えられがちであるが、今のべたことを考えあわせれば、共有されるのは、むしろ、ことばそのものだけということになろう。もっとくわしくいえば、この共有されることばは、いわば変項としての役割を演じているのである。そうして、それぞれの人間は、この変項にそれぞれ自分なりの意見をあてがうことによってことばの意味を了解しながら、コミュニケイションを行っているものと考えられる。

　ことばは共有されていたが、ものごとは共有されていなかったということが会話の進行につれてわかることもある。しばらく話がなめらかにはこんでいたところ、やがてひとつのことについての意見がおおはばにくいちがうことから、おたがいにまったく別のことについて話をしていたことがわかり、大笑いするなどということはときどきあることである。しかし、ここで強調しておきたいことは、そのようにして実際に誤解に気づくということがない場合にも、ことばに関連させていることがらがくいちがっている可能性がつねにつきまとっているということである。誤解がとけたことを確認したつもりになっている場合にも、その確認はやはりことばによっておこなわれるのであるから、この可能性からまったく自由なのではない。

かなりながい話についてそれが正しいことについて意見が完全に一致するときには、コミュニケイションはなりたったものといってもよいであろうが、この場合にも話全体が変項の役割を演じているのであると考えたほうが妥当であろう。つまり、コミュニケイションとは、ことばをもちいて表現された一つの形式を共有する過程だということになるのである。

第9章　記号の役割

1　嘘と本当

この章でも、せまい意味の記号と普通のことばとをまとめて記号とよぶことにして話をすすめる。

さて、この意味での記号はどのようなことに役に立つのであろうか。いろいろな答え方があると思われるが、ここでは、嘘を吐くのにつかえるということからとりあげて行こう。普通嘘を吐くのはあまりよいことと考えられてはいないが、中には善意の嘘といわれるものもある。癌の告知の是非をめぐってはさまざまな議論が行われているが、このような議論があるということ自体、医者が患者にむかって吐く嘘は、いちがいに悪いものとはきめつけられない場合のあることを示している。

癌の告知をためらう医者があるということは、勿論、死期の近いことを知った患者がそのために意気阻喪するのをおそれてのことであろう。しかし、癌にも奇跡的な回復ということがないではない。そこで医者が死期が近いと思われる患者を、「何、あなたの病気はなおりますよ。そのうちまた元気になって社会に復帰できますよ」といってはげまし、事実そのとおりになって、患者が元気になるということも考えられないことではない。このときその医者は嘘を吐いたことになるのであろうか。本当のことをいったことになるのであろうか。主観的には、善意の嘘を吐いたつもりであろうが、結果的には、予言した本人も信じてはいなかった予言があたったことになるので、本当のことをいったことになるとする人もいよう。このようなことが起きるのは、ものごとをありのままに知るということが、必ずしもやさしくはないことから来ていることである。少しくわしくいうと、今の例のような予言は未来に関するものであるから、それがいわれたときには、果たして当るか当らないかは、絶対的な意味ではだれにもわからないこととも いえる。つまり、そのときには、本当とも嘘ともわからないといった方が正確なのかも知れない。それなのに「善意の嘘」といった表現がつかわれるのは、専門家の予測は当ることが多いからであろうが、予測はあくまで予測であって、専門家だからといって未来をそのまま見通せる超能力は持合わせてはいないとするのが現代の常識である。

未来のことではなく、現在目の前に起きていることがらについてなら本当のことをいうのはやさしいことであり、そうしないことこそ嘘を吐くことになる、こう考える人は多いと思われる。事実、裁判で目撃した事実と反対のことをいうものは、偽証の罪に問われる。しかし、探偵小説の法廷場面によく出てくるように、偽証をするつもりはなく、自分がたしかに目撃したことをありのままにのべているつもりの善意の証人が、鋭い反対訊問にあって、証言をひっくりかえさざるをえなくなる、あるいは少くとも自分の証言が事実にそったものではないかも知れないことをみとめなくてはならなくなる、といったこともある。

目撃者の証言はごく近い過去に起きたことがらについてのものであることも多いが、かなり時間をさかのぼった時のことがらになると、記憶があてにならないことが多いのは、よく知られていることである。こういうことがらについては、主観的な確信というものはあまり役に立たず、むしろ確信を持って断定的に過去のことをのべる人の方が、自信なさそうに慎重なものいいかたをする人よりも、まちがえる可能性が多いこともある。

つまり、ことばをつかってものごとをのべようとするとき、嘘には絶対ならないという保証つきのいい方をすることは、必ずしもやさしいことではなく、場合によっては不可能なことである。

しかし、だからといって、ことばがあまり値打のないものだということにならないのは、勿論のことである。患者をはげまそうとして、おそらくは嘘になるだろうと思いながら医者がいうことばは、そのおかげで患者の死期が多少とも延びたとすれば、立派に役に立ったといえるであろう。ことばの役割のなかで普通第一にあげられるのは、「ものごとについて何ごとかをのべること」というのであり、その際、「ありのままをのべるべきである」とする条件がつけられることが多いが、この例でみるように、一見ものごとについてのべているようにみえる言語表現でも、実際の目的は別のところにあり、本当であることは必ずしも求められないということも結構あるのである。

2 矛盾

「嘘」というのは、少しひびきのきついことばであり、他人のいったことを嘘ときめつけるのは、嘘であることが明かと思われる場合でもためらわれることが多い。特にまぎれもない嘘と思ったのが実はまちがいであることが後になってわかるということもあることを考えればなおさらのことである。

さて「嘘」は「本当」の対概念である。というよりも、「本当ではないこと」というように、「本当」の方を基本概念にとり、「嘘」はその否定概念ととられることが多い。しかし、今みたように本当のことをいうのは、あるいは、本当であるという保証をえながらものをいうのは、必ずしもやさしいことではない。意図して嘘をいおうとしているのではないときでも、嘘をまったく吐かずにすむのはなかなかできることではない。

しかし、本当のことをいうことがまったく不可能なことであれば、ものをいうときにはつねに嘘ばかり吐いていることになる。それなら「ものをいう」ということと「嘘を吐く」ということとがまったく同じことになり、わざわざ「嘘」ということばをつかう必要もなさそうに思える。いいかえれば、本当のことが知られる可能性がなければ、一つのいい方についてそれを嘘ときめつけることもできないのではないかと思われる。ところが、必ずしもそうはならないといえる事情があるのである。つまり、いくつかの文の組を前提として矛盾が論証される場合には、それらの文のうち少なくとも一つは正しくない、つまり嘘だとすることがおこなわれているからである。

なぜ、矛盾が嘘の存在の証拠になるのかについては、哲学的にさまざまな議論がある。哲学者によっては、実在の世界はむしろ矛盾にみちたものだと主張することもある。しかし、哲学的な議論のことはともかく、日常の生活においても、また、学問や技術の世界においても、帰謬法、すなわち、論敵の主張から矛盾が論証されることを示すことを通じて論敵の主張を否定する論法、がおこなわれていることは、矛盾をふくむ言語表現はどこかに本当ではない部分を持っているとする考え方が一般に支持されていることを示すものである。

もっとも、こみいったことがらをのべようとするとき、あるいは新しい理論をつくろうとするときなどは、すべてをつじつまのあったかたちでいいあらわすのは、なかなかむずかしいこともある。そういうとき、承知の上で、矛盾をふくんだ言語表現をつかうこともあるが、そのことは、満足すべき事態とは考えられてはいない。とりあえずは、そのような表現をつかうにしても、しかるべきときがくれば、そのなかから矛盾をとりさろうと努力するのが通例であり、学問の進歩といわれるものには、この努力の所産であるものが多い。

こういうわけで、矛盾をふくまないということは、本当であるための必要条件であるが、十分条件とはいえない。架空の物語にしても矛盾をふくんでいると興趣を欠くことが多いので、そういう物語を書く人も、矛盾をなくするようにつとめる。しかし、架空の物語は、つじつまがあっていても、架空の物語であることにかわりはない。

では、どういうときに、言語表現は本当のものになるのであろうか。「目の前のことをありのままにのべたとき」というといいかたが必ずしも適切なものではないことは、今までに何度かのべたことから明かであろう。

3 相対的真実

嘘を吐くつもりはない、善意の目撃者の証言も必ずしも信頼できないことは、前にものべたとおりである。しかし、裁判官は判決を書かなくてはならない。刑事事件の場合、検察側の主張と、弁護側の主張とのどちらについても、十分な立証がなされておらず、また、自分でも判断をくだすだけの材料がないと思うときには、疑わしきは被告の利益に、という原則に従って、被告は無罪という判決をくだすこともあろう。しかし、有罪の判決も結構多い。こういう判決では、いくつか事実をのべているものと裁判官がみとめた文が登場する。こうした文とつじつまがあうかどうかによってほかの証拠の正否が認定されるのである。勿論、判決もまた批判から自由ではなく、特に上級審によってくつがえされる可能性があるし、また、最高裁の判決が再審によって否定されることもある。その再審にしても、絶対にまちがっていないとはいいきれない。しかし、ひとつの判決のなかだけに話をかぎれば、そこでは本当のことをのべているものと認定されている文があるわけである。

これは、判決文にかぎったことではない。自然科学でも、後の発展によって修正され、あるいは全面的に否定されることになる原理を全面的に正しいものと前提して研究をすすめること、また、正しいものとして長年流通していたデイタが何かのきっかけで疑われるようになることがある。ある期間、支配力をふるっていた宗教がおとろえると、それまでは絶対的な真理と思われていた教義が新興宗教の教義によってとってかわられうるようになる。こういった例は、ある限られた期間、いくつかの文が、限られた数の、とはいえ、時にはかなり多数の、人々によって、本当のものとして受取られることを示している。こういう文のことを「相対的真実をのべている文」と呼ぶことにしよう。このことは、前章でのべた話の両面とも関連のあることである。

相対的真実にとどまることをいさぎよしとせず、どんなに時間がたっても本当のものでありつづけるような文、それもすべての人に正しいとみとめられつづけるような文を求める人もいる。そういう人の気持もわかるような気もするが、今までのところ、そのような性格のものはみつかっていないように思われる。正しい推論の形式をのべた文、あるいはこの形式を論理記号であらわしたものなどは、だれによっても、またいつの時代にも、正しいものとみとめられそうに思えるが、さきほどものべたように、矛盾を積極的に評価する哲学者もいるし、また、論証にはほとんど頼らずに話を進め、したがって推論の正しさにはまったく関心のない人もいることを考えあわせれば、そうはいいきれないことがわかる。おそらく、本当のことといえば、相対的真実しかないのではなかろうか。相対的真実は時間の経過によって、本当のものではなくなる可能性、つまり、嘘になる可能性を免れるわけには行かない。記号の役割としてまず「嘘を吐くのに役に立つ」という逆説的ないい方でこの章の話を始めた理由のひとつはここにある。

4　人為

嘘のことを「いつわり」ともいう。「いつわり」を漢字で書けば、「偽」となる。この字をへんとつくりに分解すれば「人為」となる。昔から、いつわりは人間のすること、つくること、とする考え方があり、そういう考え方にとっては、この漢字はごく自然なものに思えるであろう。

しかし、前節でみたように、実際には、いつわりに対するものは相対的真実なのであり、何を相対的真実とするかも人間がきめることだとすれば、人為はいつわりにかぎられたことではないのである。むしろ、善意による証言が反対訊問によって破られて行く過程などでは、人間のわざという感じが強く感ぜられるのは「真実を求めて行われ」ているはずの訊問の方であろう。

日常生活でつかわれていることばも、おそらく、人類の発生したときにはまだなくて、遠い昔、多くの人々の多少とも意識的な努力によってつくられてきたものであろう。しかし、現代の人間にとっては、生まれ落ちたときにはすでに存在していたものであり、また母語の場合、つかいこなせるようになっている頃には、その習得のための苦労も忘れられていて、ごく自然な感じで話せる。そこで、普通のことばは「自然言語」と呼ばれている。これに対し、特定の個人、あるいは、少数の人からなるグループが意識的につくったことばは「人工言語」と呼ばれている。その代表としてしばしばあげられるのがエスペラントであるが、これも、論理記号や、計算機用の高級言語にくらべると、自然言語の方に近いものとされることもある。

自然言語自体が、いわば自然の一部のように感ぜられることがあるのは事実だとしても、自然言語をもちいて人為のにおいの強いものがつくられることが多いことは昔からきづかれていたことである。小説、詩といった言語芸術の作品の場合はいうまでもない。学問などは真実を求めるものということになっているので、たてまえとしては、ものごとのありのままの姿に即したものになるはずのものである。しかし、その成果はことばによってつづられて発表される。このことばによる表現のかたちには、人間による工夫のあとが大いにみられる。学問の分野によって、またその発生した文化的な背景によって、表現の際の約束もさまざまにちがうのである。

さて、人為は勿論、ことばによるものにはかぎられない。社会制度、建築物、交通機関、道路、田園、鉱山、工場、こういったものはすべて人間がつくりだしたものである。現代のいわゆる文明国に住む人間は、おびただしい数の、人工物にとりまかれて暮らしているのであり、人工のにおいのしないところ、いわゆるなまの自然に接することは、不可能になっている。都市に住んでいる人間などは、ふだんの自分の環境とちがうというだけのことで、実は人工の極致とでもいうべき田園を、なまのままの自然と誤解するほどである。ことばの役割のなかでおおきなもののひとつは、この人工的な世界のなかでおたがいのあいだのコミュニケイションの能率をたかめることである。人工的な世界の構造が複雑になるのにともない、ことばのつかいかたもこみいって来た。そのことの一例はたとえば法令用語の変化にみることができよう。また、他人のこころを動かすためのさまざまないいまわしが工夫されるにつれて単語のかずもふえ、ニュアンスもきめこまかいものになってきた。

5　呪文と記号

重いものを自分で持ち上げ、遠くまで運ぶのは、苦労なことである。しかし、人にことばでうまく頼み込めば、その苦労をかわりにになってくれる。ことばをさらにうまくつかうことを工夫して権力の座にのぼれば、大勢の人が自分の意のままに動いてくれる。そうしてことばをつかいこなすのは、少くとも肉体的にはそう苦労なことではない。

そこで、人間ではないものにもことばで話しかけ、ものごとを頼めるようになったらさぞ便利だろうと考える人が出て来るのも不思議なことではない。家畜は、ある程度まで人間のことばによる命令にしたがうようにしつけることはできる。しかし、その命令の数はかぎられているし、家畜をつかうためには人間がみはっていなくてはならないことも多い。人間のことばをフルに動員しないといえないようなこみいったことまできききわけてこちらの頼みをひきうけてくれるものが自然現象の背後にいるのではないかと想像している人々が考え出したのが呪文ではないかと思われる。だから、呪文は自然言語に似ている。時には一般の人にはわかりにくい自然言語、たとえば古いラテン語、あるいは梵語などでつづられている。現代にも呪文の効力を信じ、呪文をつかいこなせるようになるための修行に励む人達がいる。そういう人々の努力が果してむくいられるかどうかといった問題にはここではたちいらない。ただ、多くの人が呪文をつかうことの関心がないのが、たとえば現代の日本のありさまだということを確認しておこう。もっとも、昔でも、呪文がつかいこなせると考えられていた人の数はかぎられていた。ただ、その頃は、多くの人が自分はつかえないにせよ、呪文の効力は信じていたのではないかと想像される。

家畜はかなり昔からつかわれていたものと思われるが、やがてさまざまな道具や機械が開発され、家畜のはたらきをおぎない、さらにはこれにとってかわるようになって来た。この機械の動きを支配する原理は、機械がもともと人間がつくったものであるだけに、たとえば気象のような複雑な自然現象を支配する原理を理解するよりはたやすいことであった。この原理をいいあらわすには、数学の概念をつかうと、表現が簡潔でしかも含蓄の多いものになることがわかって来た。のみならず、物体の運動のようなものも、同じようにして表現できることがわかり、さらにこの成果を利用して自然現象をコントロールすることができる、つまり、自然を機械とみることにより、これをつかいこなすことができることがあることがわかって来た。ひとくちにいってこのようにいえるのがヨーロッパにおける技術、および自然科学、後代になってからは両者がむすびついてできた科学技術、の発展の歴史ではないかと思われる。

せまい意味での記号にかぞえられるもののうち、科学技術に関するものは、この発展のなかでうまれて来たものである。これにもさまざまな種類があるが、自然や機械の仕組みを数学的な概念でとらえ、あるいは設計しようとする流れのなかで生じてきたものであるので、最終的には論理記号によってその用法がのべられるものばかりであるといってよいであろう。論理記号は、日常生活でつかわれている自然言語のごく小さな一部分を記号化することによってえられたものである。したがって、科学技術の記号はもとをたどれば自然言語の一部から発生したものといえる。難解な呪文とはここがちがうのであるが、出発点は簡単でも定義をかさねることにより概念の数のふえた現在のかたちは、これをつかいこなすための訓練をへていない一般の人々には近づきにくい。そこで、これを現代の呪文のように思う人がいるのも無理からぬことである。

せまい意味での記号のうち、科学技術に直接関係のないものについては、これより後の章でふれる機会があると思う。ここでは、人間とのことばによるコミュニケイションをそのままのかたちで延長することにより自然をコントロールしようとした試みはどうやら支持者を多く集めるほどの成功はおさめられなかったのに対し、機械を動かす原理を記述するための、基本概念や文法の規則の数はごくかぎられている記号の体系が、呪文のねらったはたらきをするようになってきたということだけを確認しておこう。つまり、この記号体系の役割は本来、人間のつくっている社会とは別の方を向いていたのである。そちらは自然言語にまかせるという分業体制が確立していたのがついさきごろまでの状況であった。しかし、この記号体系は、次第に人間の社会にも進入して来る。そのなかでも、尖兵的な役割をつとめたのが数字である。たとえば、商業において数字がかなり昔から欠くことのできないものだった文化圏がある。

第10章　環境としての記号

1　意識の中の環境

環境の個人への影響には種々のものが考えられるが、ここでは意識を通しての影響のことから話を始めよう。もっとも、環境というものは普通は意識の焦点にはないものである。つまり、安定した状況の中でものごとがうまく運んでいるときには、環境のことは、あまり気にならない。環境が急にかわったり、心身の不調の原因が環境にあるのではないかと考えられるようになったりしたとき、あらためて環境のことが意識にのぼるのである。そうではあるけれども、いわば意識の背景において環境はたえず心に影響をあたえているものと思われる。たとえば、新しい土地に移住することを、よく、「水がかわる」といういいかたで表現する。水の質がかわったことが身体におよぼす影響ももちろん無視できないけれども、「水の味がかわったな。前の土地の水が恋しいな」と感じたとすれば、水の変化は心にも作用を及ぼしているわけである。そうして、前の土地にいたときも水の味を感じていたからこそ、このような作用が生じるのである。ただ、前の土地にながく住んでいた間は、水の味のことをそれほど強くは意識してはいなかったかも知れない。また、新しい土地に適応し、その水になじむにつれて水の味のことは意識の焦点からははずれて行くかも知れない。このようにして時には意識の焦点にのぼり、時には意識の背景に退くものとしての環境のことをまず考えようというわけである。

2　自然環境

今、水の話をしたが、昔なら水も自然環境の一例、あるいは一部とされたであろう。人工的な環境を自然環境と対比させて語るのが普通のこととなっている現代では、水道の水をつかっている都会人の場合、水を単純に自然環境の例にあげるわけにはいかない。水道の水が個人に達するまでには、貯水池から始ってさまざまな設備が必要であり、また、水そのものにも消毒その他の目的でさまざまな人手が加えられているのはよく知られたことだからである。かなり純粋な自然環境としてとおるのは、たとえば地平線をかぎっている山脈であろう。くわしく調べてみれば、頂上に測候所やパラボラアンテナが立っていたり、自動車道路が蛇行してはい登っていたり、という具合で、人工が及んでいることが明かになる場合が多いけれども、遠望されたところでは、太古からのかわらないかたちを示しているようにみえる山脈も多いからである。

さて、山脈は、いうまでもなく山の連ったものである。列島の場合なら、一つ一つの島がそれぞれ別の島であることはたやすくみてとれるけれども、山脈の場合には個々の山のさかいは必ずしもはっきりしていない。いいかえれば、山脈のどこからどこまでを一つの山だとみるかについてはかなりの自由度があるのが普通である。しかし、人が昔から住んでいる場所からみえる山脈の場合には、個々の山に名前がついている。その名前を覚えるということは、その地方に伝わっている、個々の山の区切り方を覚えることでもある。その土地にうまれ、そこで育って人となったものは、多くは、山の名前を覚えるとともに、その区切り方をごく自然なものとして受入れていて、ほかの区切り方もあることには、あまり気づかない。その人物がその後異境に移り住んでその山脈のことをなつかしく思い出すとすれば、その伝統的な区切り方にしたがったかたちで山脈は心の中に浮かんでくることになるのであろう。

これは一例であるが、自然環境といわれているものが心に働きかけてくるときには、その心の持ち主がどのようなことばをならい覚えて育ったかということが、重要な条件の一つとなっているのである。別の、よくひかれる例としては、動物や、植物の分類が、自然言語の種類によってちがうということがある。魚を常食としている土地のことばでは、魚の分類がくわしく、獣の肉を好んで食べる民族のことばは獣の身体の部分をこまかく分類している。前者のことばで育ったものにくらべ、後者のことばで育ったものが、魚類の観察においておおざっぱであるということも当然のことと考えられる。

3　風景の描写

遠望された山脈は風景の一例である。人工の景観といわれるものにも人気のあるものがある。このような風景を実地にみる機会のなかった人には、紀行文や、旅行案内の本などに出てくる風景描写がその代用品になる。外国に出かけることが今ほど一般的ではなかった昔には、多くの人がそのような風景描写を読んで旅行のかわりにしていた。現代、海外に観光旅行に自由に出かけることのできる人の中にも、このような描写を読むことで事前の勉強をして行く人がいる。その中には、旅行案内書に書いてあることを細大もらさず見てまわろうとするあまり、書いてないことについては何の印象も持たないまま、帰国する人もいるようである。

さて、実際の風景の代用品は、勿論ことばによる描写にかぎられるわけではない。すぐれた風景画は、かなり昔からあったし、近頃の科学技術の進歩は、きわめて真に迫った動く映像を生み出してもいる。こういうものを見た方が、風景の実物に近い感じがえられることは明かだと思われるのに、今なおことばによる風景描写が生き続けているのはなぜであろうか。

一つには、風景を見たときにどのようなところに気をつけると興味あるものが見られるかというようなことは、ことばでなくては伝えにくいということがあるからだと思われる。旅行案内の本にあることばによる描写はこのような点で役に立っているのであろう。しかし、もっと重要なこととして次のようなことが考えられる。ある景色をみて感動した人が、それから年月をへだててその時の印象を思いだそうとする時に、景色の視覚的なイメジは必ずしも生き生きと心の中に浮かんでは来ないのだが、しかし、どういうものが見えたかをことばによってかなりくわしくいうことはできるということがある。すなわち、視覚によってとらえられたことがらの記憶は、ことばによってまとめられやすいかたちとなってたくわえられている面があり、記憶をよびおこそうとする時、まず出てくるのはこの面であるということがあるのである。もっとも、これは個人差の関係してくることであって、人によってはかなりながい間、生き生きとした心像を保存しているということもあるようであるが、ここで問題にしたいのは、ことばによっていいあらわすのが適当なかたちに印象や記憶がまとめられるという可能性のことである。鎖国時代に漢詩を愛読し、本場ものにならって自らも作詩をこころみた文人達は、絵を描くことで、一生行ってみることのできない、海のむこうの土地についての想像をめぐらせることもできたであろう。また、実際にそういうことを試みた、画家兼業の詩人もいた。しかし、画才には恵まれない詩人もいたであろう。そういう人にしても、詩のかたちにまとめられる風景描写を楽しむすべは知っていたわけである。開国後の有名な漢詩人に、景色のよいことで知られているところを始めておとずれる途上で、まだ見ていないその景色についての詩をつくって喜んでいた人がいたそうである。現代人の感覚からすればおかしなことのようにきこえるかも知れない話であるが、鎖国時代からの伝統のことを考えれば理解できないこともない話でもある。とにかく、ことばによる風景描写は、もともとは、実地に風景をみることができない人にその代用品を提供するために始められたものなのであろうが、年月を経るうちに、独自の価値を獲得したようである。SFなどのなかに出て来る現実にはありえないかも知れない風景描写も人々を楽しませてくれることがある。また、もっと現実的な感じのする描写にしても、それが実在の景色についてのものであるのかどうかには必ずしも関係なく好んで読まれるものがある。そうして、このようなことばによる風景描写を数多く読んだり、書いたりする経験を重ねるにつれて実際の景色を見る上での興趣も深まって行くのである。このようなことを考えあわせると、自然環境とか、都市の景観とかいった、物質だけを素材としてできているようにみえる環境も、心に及ぼす効果まで勘定に入れるならば、いわばことばという着物をまとったかたちのものであることがわかるのである。

4 心とことば

環境が心に及ぼす影響のことを論ずることからこの章は始ったのだった。この影響のことを考えるときには、物質を素材とする環境だけではなく、心からできている環境も考えるべきではなかろうか。すなわち、物質的にどんなに立派な建物の中に住んでいるとしても、そこで同居している人々の心がきわめて意地の悪いものであったとすれば、その時の環境は決して暮らしやすいものとはいえないであろう。「毎日が針のむしろにすわったもののようだ」とは、こういう時につかう表現であろう。

この心でできている環境のことを論ずる時にも、物質的な環境と類比的に話を進めたくなる。すなわち、複数の心というものがことばとは独立に存在していて、ことばの着物がそれにかぶせられると考えたくなるのである。しかし、物質からできている風景の場合には、ことばによる描写が一切ない時にも、とにかくそれを見ることはできる。ところが、心の場合には、その持ち主以外のものには、その状態を直接知る手段はないのである。その持ち主の表情、動作、習慣といったものを手がかりにして間接的にそれをうかがうほかはない。中でも有力な手がかりは、言語活動である。その人が、「私はしかじかのように思っています」といったとして、嘘をいっているという疑がない時には、実際その人はそのように思っているのだろうとするのが普通である。

ところで、第8章でのべておいたことであるが、言語表現はすべて変項とみなすことができる。すなわち、二人の人が話をしていてうまく話が通じていたように見えている場合、後になってお互に別々のことを考えていたのだということがわかる可能性は常に存在するのである。だから話というものは常に複数の解釈を許すという意味で変項なのである。しかし、この解釈のちがいもまたことばによって表現される。というより、ことばにならなければ、このちがいの存在はわからない。表情や動作についても解釈のちがいはありうるけれども、このちがいもことばで表現するのがもっともわかりやすい。

そうして他人の心の状態を知ったつもりになったり、それが誤解であったことに気づいたりする時、たよりになるのは、言語活動、表情、動作、習慣などのほかにはないとすれば、さきほど、「心でできている環境」と呼んだものの素材は、実はこれらのものに過ぎないということになる。これらは、やや広い意味で「記号」と呼ばれるものばかりである。つまり、心でできている環境とは、記号でできている環境だということになる。

故人を偲ぶよすがとなるものとして、遺影とか、墓とかいったものがある。想像力の豊かなひとは、こういったものの前に立つ時、あたかも故人が語りかけてくるように感ずることができる。このことを、もっと一般の人達にもできるようにさせてやろうというのでいま進められている研究に、コンピュータを利用して、故人の顔が表情の動きをともなってディスプレイの上に現れ、対座しているものの話しかけに対し適切な受け答えをし、さらに積極的に対話を促して来る装置というものがある。これが実用化されるのはいつのことかまだわからないが、このような装置が考えられるということ自体が、心でつくられる環境というものが記号のかたまりであることを示しているのである。

5　数字と数

数字は、前章の終にちょっとのべておいたように、日常生活の中に早くから侵入していたせまい意味での記号の代表である。時には自然言語の一部と考えられるぐらい、一般の人にも親しいものとなっている。ところで、個々の数字、あるいはそれをつらねてえられる数表現、が指示しているものは何であろうか。もちろん数である。しかし、数は、物体とちがって五感でとらえるものではない。心のように、少くともその持ち主にはその存在がじかに感ぜられるものでもない。それどころか、その性質をきわめるのには、数学者の多くの努力を必要とする。正体がよくわからないものだといってよいであろう。そこで正面切って数というものを論ずる段になると、その存在を否定してしまおうとする哲学者も出てくるのである。そういう哲学者は、数字をふくむ言語表現を、それをふくまないものにいいかえようと努力する。集合の概念をもとにして数の概念を定義することはできるから、この努力は文字どおりの意味ではむくいられたといってもよいかも知れない。しかし、そういう哲学者の多くは、集合を数よりももっと得体の知れないものとしているから、このかたちでその努力がみのることは喜ばないであろう。

哲学的な議論の行方はどうであれ、とにかく日常生活においては数字は一種の名詞としてのあつかいを受けて流通している。つまり、数は一種の事物としてのあつかいを受けているのである。そうして特に現代人の生活においていたるところで数が大きな役割を演じていることはいうまでもない。たとえば経済活動が数と深く関係していることはだれにも明かであろう。人の心を金銭で左右するのは卑しいこととされてはいるが、実際には心の動きも経済の状態とは無縁ではなく、したがってしばしばさまざまな数によって心がふりまわされることになる。

経済とは離れたところでも、数は活躍している。暑さ寒さを知るのに寒暖計がつかわれるが、その目盛りには無論数がしるされている。このほか、日常の生活に関係の深いさまざまな状態が数の力を借りてあらわされている。生きて来た時間は、年齢として計られ、知能の程度も数値によってあらわされるようになった。

こういうわけで、現代人にとって数は、環境の重要な一部となっている。数、あるいはこれに関連した概念で定義されるさまざまな数学的構造は、きわめて抽象的なものでありながら、しばしば、具体的な物体とならんで実在しているもののように考えられるのである。ただし、抽象的なものであるだけに、記号を離れては、これにふれるてだてはない。くわしくいえば、記号と一体となって環境をかたちづくっているものだということになろう。

6　物質

風景はことばという着物をまとっているということをさきほどのべたが、この着物をはいで、風景のありのままの姿を示す方法はないであろうか。つまり、自然言語のちがいから中立的なかたちで風景についてのべる道はないであろうか。

現代の日本においては、自然科学の記述が、第9章での意味での相対的真実をのべているものとされることが多い。この記述が科学の進歩に応じてかわって行くことはしばらく度外視することにしよう。また、心におよぼす働きのことを考慮にいれる時にはことばの着物を無視できないことは、さきにのべたとおりであるが、物質面だけに注目することにすれば、このことも考慮の外におくことができる。そうすれば、自然科学のことばによる記述は、一応、着物をはぎとった姿を示すという注文にはまるものということができるであろう。

さて、自然科学の記述においては昔から数字はつかわれていた。また、その発展の過程で必要に応じて種々の記号が導入されたこともよく知られている通りである。しかし、この記述の全体につかわれることばは、前世紀までは、自然言語であった。つまり、自然言語に新しい単語として種々のせまい意味での記号をつけ加えたものが、自然科学的な記述につかわれることばだったのである。原子論の登場以後は、肉眼はもちろん、当時知られていたかぎりでのもっとも性能の高い顕微鏡でもみることのできない極微の物体について論ずることになり、その形而上学的な性格が目だつようになったが、それでも、その極微の物体のかたちについての記述は多くのひとにとってたやすくイメジをつくることができるものであった。

今世紀前半の自然科学の急速な発展は、しばらくのあいだ、記述にさまざまな混乱をもたらし、自然科学こそは、矛盾をとうとぶ哲学者の理想にかなう学問なのだとする説さえ行われたりしたのであった。後半になって表現の整理がすすみ、この混乱は除去されたが、その代償として記述はかなり抽象的なものになった。たとえばユークリド幾何学の概念をつかって時間や空間のことがのべられていた時代には、一般の人もその記述の概念を指すものについてかなり具体的なイメジをつくることができたのであったが、可微分多様体の概念をつかって時空の構造がのべられるようになるとイメジをつくることが大変困難になる。可微分多様体とはどんなものか知らない読者から、「今の例でこの本が何をいおうとしているのかわからない」という文句が出るかも知れないが、その心配は無用である。要するにイメジの描き難い概念をつかって時空のことがのべられているということがいいたいだけのことである。こういった概念の連関を理解しようと思えば、ブルバキ流の構造の概念を理解するようにつとめるのも一法であろう。つまり、現代の自然科学は前にもいった通り、窮極的には、論理記号だけでその構造が書きあらわせるものとして、物質の世界を提示しているのである。自然言語のゆたかな表現手段を動員した、門外漢のための入門書がしばしば誤解をあたえ、味も素気もない教科書風のものの方が、結局入門には早道であるという逆説的な事態も、この抽象性と関係のあることであろう。

要するに、現代の自然科学においては、記号による記述になじみやすく、イメジは描き難いものとして物質がとらえられているから、物質的な環境も記号のかたまりだといえるのである。つまり、記号の指示しているもののイメジが描けないということは、記号とそれが指示しているものとが分離しにくいということになるからである。

この章では、環境がことばやせまい意味での記号ときわめて密接な関係にあることをいくつかの例についてみた。そのため、時には、環境と記号とを同一視するようないいかたもしたが、常識的にいえば、ことばとせまい意味での記号は、環境の一部とはいえても、決してその全体ではない。たとえば、山脈とそれについての言語表現とは互いに別のものである。しかし、「記号」の意味をひろげれば、風景それ自体が記号の役割を演ずる場合のあることをみとめることもできるのである。次章では、そのことを論ずることにしよう。

第11章　記号としての環境

この本は、放送大学の「記号論」の番組にともなう印刷教材として書かれている。そうして前章までのところは、放送の方も、本に書いてあることに大体あわせて録画の内容がきめられている。しかし、放送の方の第十一回から第十四回までの四回は、さまざまな分野の専門家をゲストとしてお招きし、その方のご意見を主にして番組をつくるというやりかたをしている。これに対し、各回に対応する本の方は、関連する題材をあつかってはいるものの、内容は、放送とまったく同じものではない。放送には関係なく、この本だけを読んでいる人には、このまま読み続けてもそれなりに筋はとおるようにしてあるつもりであるが、放送大学の学生としてこの番組をとっている人は、放送と印刷教材とをあわせて講義がつくられていることに注意し、特にこの章、および、これに対応する回以後は、放送と教材との両方の内容を学ぶようにしてほしい。

1　心とひろい意味での記号

前章でのべたように、ことばの重要なはたらきの一つは、心の状態をあらわすというところにある。心の持ち主以外のものは、主としてその持ち主の言語表現をとおしてその心の状態を知るからである。持ち主自身にしても、時にはことばによっていいあらわしてみて始めて自分の心の状態がはっきり意識できるということがある。あるいは、「君の本当の気持はこうだったんじゃないの」といった表現にはじまるいいかたで他人から自分の気持についての説明を受けて、「いわれてみれば、なるほど、そんなものだったのか」と納得が行くこともある。

さてこれも前章でのべておいたことだが、ことばのほかに、表情、動作、習慣といったものも、心のことを知る手がかりになることが多い。そこで、こういったものも一種のことばであるとすることがある。あるいは、ひろい意味での記号にかぞえることがある。人間以外の動物の多くはことばを話さないようにみえる。仮にそれなりのことばを持っているにしても、今のところ人間にはわからない。そのことから、人間以外の動物には心がないのだとする意見の人もいるが、日本人の多くは、動物にも心があると考えているようである。それは、その表情、仕草、習性がいかにも心のあるもののようにみえるからであろう。また、家畜として飼っている動物の場合、起居をともにしていれば「心が通う」ようになり、コミュニケイションが行われるようになるが、この時人間の方はことばをつかうにしても動物のほうから来るものは、表情、鳴き声、仕草、といったものである。人間におしえこまれてことばによるコミュニケイションができるようになった猿や鸚鵡もいるが、こういったものにしてももちろん、表情や仕草によって心を表現することを忘れてしまったわけではない。これに対してことばをたくみにあやつる機械であるところのコンピュータには心をみとめない人がまだ多いのは、表情や仕草がともなわないからとも考えられる。こうなると、心の状態をあらわす記号としては、普通の意味でのことばよりは、表情その他のひろい意味での記号の方が適していると考えられる可能性もあるわけである。

では植物には心はあるだろうか。昔の人が植物、時には山、川、岩、といった無生物にまで心をみとめていたことは、神話や伝説からも察せられることであるが、現代人の多くは植物には心はないとしているようである。その根拠をといつめれば、植物には中枢神経がないからということになりそうであるが、人間同志のコミュニケイションの場合相手の中枢神経のことを意識するのはむしろ例外的な場合であることを考えると、この議論には不十分なところがあるように思われる。それはとにかく、手塩にかけて育てた植物の発芽、成長、開花、結実などを見守っている人などにその時々の植物の様子が心あるもののようにみえることがあるという事実はある。あるいは、赤子に笑いかけられるとかなりかたくなな心の持ち主でも思わずほほえみかえしたくなるようであるが、赤子の笑は「無心の笑」と呼ばれることもあるぐらいで笑いかける相手をみとめて意図的に笑いかけているとは思えないことも多いのである。このように、人間同士のコミュニケイションでも「片思い」のものがあることを思えば、植物に心があるように一方的に感じたくなることもあながち不自然なこととはいえないであろう。

2 記号の独立

当人は何の気なしにいったことに、相手の方では大層勿体をつけて有難がるということが、間々ある。傑出した人で多数の人の尊敬を集めている人の場合などに起りがちなことで、特に宗教の開祖とされている人の言行録にはこの例になるのではないかと思われる記述が見られる。しかし、発言者の意図がどうあろうとも、そのことばによって心をなぐさめられて生活の安定をとりもどした人がいたとすれば、そのことばは発言者の意図とは独立に記号の役割の一つを果したことになる。古典といわれる書物にのっている文章もまたしばしばこのようなかたちでの役割の果し方の故に尊重されている。だからこそ、古典は読む人に応じてさまざまな解釈を許すものとされているのである。

こうして記号が発信者の意図とは独立に役割を果す場合のあることに気がつけば、心があるとは必ずしも思えないかも知れない植物の様子に一種の記号をみてとることがさらに自然なことにみえてくるであろう。

ことばの役割の中には人の気持をしずめるということもある。そこで人里離れた山の中で静かな毎日を送っているうちに心の落着きをとりもどしたといったことを、「山が語りかけるのをきいているうちに」というような表現であらわすことがある。この意味では、さまざまな環境がそれなりのことばを持っていてさまざまに語りかけてくる。同じように心を落着かせてくれるといっても、山、海、湖にはそれぞれ別の趣があり、また、一つ一つの山にもそれなりの個性があるからである。

こういうわけで、心におよぼす影響のことを考慮にいれると、大概の環境は一種の記号とみなすことができるのであるが、自然言語や人工言語の場合とちがってその分節性は必ずしも明かではない。ことばの着物をかぶせられた場合は別として一般にはこれをどういう部分に区切ってみるかには自由度がある。また、心に及ぼす効果にも個人差がある。たとえば緑にかこまれて心の安定をとりもどす人もいれば、かえって心がみだれてしまう人もいる。つまり、普通のことばとちがって「意味」もさだまりにくいのが環境という記号の特徴だといえたのが先頃までの状況だった。

だが、近頃のように「緑をふやせ」ということが合言葉のようにして叫ばれるようになると、森や街路樹の緑には「心の安らぎ」という意味が社会によってはりつけられたようになってくる。意識的に環境の設計が行われるようになると、環境という記号と自然言語との間の距離は縮まって来るのである。

3 設計された環境

国土全体の環境整備や、大規模な都市計画といったことは、比較的最近になって行われるようになったことといえるが、住居の設計のようなことはずいぶん昔から行われていたと思われる。それも始のうちは実用上の考慮が優先して行われたものと思われるが、そのため時代、時代に応じて住居の中の部屋の配置には一定のきまりができるようになり、たとえばどこが入口で、どこが居間で、どこが食堂で、どこが寝室かといったことは、その時代に生きていた人には、説明されなくとも自ら見当がつくようになっていたことが多い。つまり、住居は、意味のさだまった部分から成立っている文章に似たものに、早くからなっていたようである。

庭園もかなり昔からつくられていたことは、権力者の宮殿や別荘に付属していたものの遺跡、あるいはそういうものについての記述が現存することからわかる。庭園は、必ずしもせまい意味での実用中心のものではなかったであろうが、その中を逍遥する人、あるいは、これを眺める人の心をなごませ、またその美感にうったえるようにさまざまな工夫をこらして設計されているものも多い。特に文化圏によっては、様式がかなり固定しているために、個々の庭園がこの一般的な様式にくわえている修飾に注意をはらうことにより、設計者の意図がくみとれるものもある。

神秘的な思想の持ち主は、体得していると称する神秘がことばによっては表現できないものであることを力説する。そのくせ、そういう神秘家にかぎってその神秘についての長広舌をふるうことを好むことが多いので、そのいいぶんをきいているものは変な気持にさせられてしまうが、神秘家にいわせればその長広舌はことばでは表現できないはずの真理を暗示するためのものだそうである。暗示であれば、ことばではないものの方がうまく役割を果してくれるというので、禅寺の庭がこの暗示のためにつくられているという解釈をする人もいる。

現代は、環境設計の盛な時代で、室内装飾などは多くのひとに身近なものの一例であろう。また設計者自身が設計の意図についてくわしくことばで語ったり、評論家が設計者の意図とは必ずしも関係なく読みとれる「思想」について論じたりすることが多くなって来ている。こうした動きが、記号論の一種とされたりもしている。

しかし環境は前にものべたようにふだんは意識の背景にしりぞいているものである。庭園にしても元来は日常生活の環境となっていたものであろう。環境についての記号論が盛になってたえず身の回りにみられるものの「意味」を意識していなくてはならなくなるとすれば、そのことが幸福なことかどうかはわからない。ただし、観光の目的で一つの設計された風景の中に入って行く時には、雰囲気をぼんやり楽しむ行き方のほかに、部分、部分に目をとめながら、それが連ねられて全体の景観ができあがって行く過程を再現してみようとする楽しみ方はあるわけである。その時、そのような記号論が参考になることもあろう。

第12章　かたち

1　宗教美術

狭い意味の記号の多くは、自然言語の文字にその由来をもっている。元素記号はアルファベットをそのまま流用しているし、論理記号にもアルファベットはつかわれている。否定記号のかたちは別に文字とは関係ないが、その用法は自然言語の中にある、一つの命題からその否定をつくる働きを固定してえられたものである。アルファベットの起源をたずねて行くと古代エジプトの象形文字に行きつくといわれているし、お馴染みの漢字がもともと象形文字であり、その漢字から仮名がつくられたのであることは、よく知られていることであろう。

字がつかわれるようになる前に写実的な絵がすでに描かれていたことも知られてい

るし、文字ができてからでも、文字を知らない人達にものごとを知らせるのに絵がつかわれていたことはいまさらいうまでもない。だから、絵を文字とならべて記号の一種と考えるのはごく自然なことである。ただし、写実画の場合、モデルとなっている事物を目にみえるようにえがくという点では、文字による描写よりもはるかにすぐれている。そのかわり、目前の具体的なことがらとの距離が短いために抽象的なことがらをあらわすには必ずしも適していないように思われる。

ところが、現代において美術品として鑑賞されている、昔の絵や彫刻のようなものには、一見写実的にみえながら、宗教の教義をあらわすという使命を持っていて、その指示する内容はかなり抽象的なものであるものが結構多いのである。たとえば仏像のことを考えてみよう。たとえ仏師が実在の人物をモデルとして刻んだものであったとしても、仏像が寺に設置されている目的はその人物のことを偲ばせるためではなく、仏のことを信者に考えさせるためであろう。仏は五感でとらえられるようなかたちでこの世に存在しているものではないとされる。多神教の神のようなものと考えられやすいが、仏教の教義では一切空となっているので、この解釈は必ずしも正しくはないようである。経典の数が著しく多く、宗派によりその解釈もさまざまであるので仏が一体どのような存在であるのかをきめるのは必ずしもたやすいことではない。信者は必ずしも教義をすべて理解して仏像を拝んでいるわけではないようであるが、とにかく、仏像が示しているはずのものは具体的なものというよりは、抽象的で神秘的なものである。その服装、姿勢などにもさまざまな象徴の任務があたえられているのだが、その約束ごとを忘れた現代人の多くは、この象徴も理解できないのである。その約束ごとを学べば、仏像の全体は、部分、部分の意味の綜合によって何ごとかを示そうとしているものとして、文章に似た働きもしていることがわかるであろう。ヨーロッパの寺に見られる宗教画についても似たことがいえるのである。題材は多くキリスト教の経典からとられているから、この経典の説話に通ずるものには何をえがいているかはわかる。それは信者にとっては実際に起きたことがらであるかも知れないが、現実にはなかなか起りそうもないことであり、とにかく描いた人間にとっては遠い昔の異国でのできごとであるから、目の前のモデルをえがいた写実画ではないのである。席につらなったものが皆ねそべっていたはずの宴がテーブルを椅子でかこんだかたちのものになっているといったアナクロニズムがあってもとがめられることが少いのは、えがかれていることがら自体が教義の象徴になる役割をになっているからで時代考証は必ずしも重要ではないからであろう。その反面、衣服の色、脇にそえられた小道具の種類などに重要な象徴の役目が与えられていることがあり、その約束を知っているものには、この種の宗教画はやはり文章に似たものとなっているのである。

2 図形

現代において宗教的な絵や像と似た役割を演じているのは、建築物や機械の設計図であろう。もちろん、宗教の教義をあらわしているからではなく、示そうとしているものと図面とは直接的には必ずしも似ていなく、約束ごとにしたがって解読したものに内容がつたわるようになっているからである。

さて近頃ではコンピュータによって図面をかくことができるようになっている。いうまでもなく、図面はコンピュータの内部にそのままのかたちでしまいこまれているのではなく、二進法の数字の列のかたちの情報としてたくわえられ、処理されているのである。

頭脳のなかにどのようなかたちで図面に関する情報が処理されているのかについては、まだくわしいことはわかっていないといってよいが、一部の人が想像するようにコンピュータのものに似たものであるならば、やはりディジタルなかたちのものとなっているのかも知れない。もともとコンピュータは、数字をつかっての計算をする時の心の働きを機械になぞらせるというかたちで開発されたものであったが、やがて論理記号のようなせまい意味での記号による情報処理にもつかえることがわかり、さらに図形の処理にも応用されるようになってきたのである。

図形についての話が数字についての話に翻訳できるということは、しかし、コンピュータの発展によって始めてわかったことではない。ヘレニズムの頃すでに座標をつかう考え方がきざしていたが、近世のデカルトにいたり、座標を徹底的につかって幾何学を代数学に翻訳することが行われるようになった。解析幾何学の誕生である。前世紀の末に幾何学基礎論をつくったヒルベルトは、この事実についての考察をさらにおし進めることにより、図形に関する概念の意味はかなり自由にきめることができることを示した。つまり、幾何学の公理を正しいものにするという条件をみたしさえすれば、自由な解釈をあたえても、その解釈に対して、幾何学の定理はすべて成立するのである。これも話が変項であるということの一例である。

解析幾何学によって数の世界の中での話に翻訳されるのは、円、直線、直方体といったいわゆる幾何学的な図形についての議論だけではない。すべての図形、たとえば自然の風景に登場するさまざまな物体のかたちも皆数を三つならべてできる組の集合として表現できるのである。だからこそ、ニュートン力学の原理が機械の設計につかわれたり、地球の構造をしらべるのに応用されたりするのである。絵にあらわれる図形についても話は同じであって、だからこそ、コンピュータ・グラフィクスも可能になるのである。

3　美術品

こういうことを考えていくと、絵や彫刻のようなものを記号の一種にかぞえるのがそれほどとっぴなことではないという気がして来るかも知れない。特に数字の列は分節性のある記号であるから、ここから、絵にも分節性がみとめられるようになると思う人もいるかも知れない。たしかにコンピュータをもちいて絵をかくプログラムなどでは基本的な図形をかくステップを組合せて複雑な図形をかいていくようにするから、この過程を通じて目にみえる図形に分節性が持込まれはする。

しかし、絵を眺めて楽しむ人は、必ずしもこのような分節性を意識しているわけではない。いいかえれば、絵の美的価値といわれるものは、必ずしもこのような分節性に即して論ぜられるわけではない。全体から受ける印象を楽しんでいるだけの人もいる。また抽象画といわれるものの場合には、色の配置の中にどのような区切りをいれてみるかといったことは、眺めるひとの心まかせにされていることも多く、文章のように普通はだれにとっても一様にきまっている区切り方があるような記号とは、この点がかなりちがっているといわなくてはならない。

美術品についてのことばによる解説には当然ことばにともなうさまざまな分節性がある。そういうものを読むことが、鑑賞の上で大きな参考になるということもある。たとえば、着眼点が順序立ててならべてあるのにしたがって見て行けば、興趣が深いということもあるだろう。だが、この解説は、コンピュータ・グラフィクスのプログラムのように、それをそのままなぞって行けば、対象となっている絵の寸分たがわぬ複製ができるといったものではない。また、ことばが持込む分節性には多くの任意性があり、解説の一つだけが正解で、後は皆あやまりときめつけることもできないのが普通である。

だから、美術品を記号の仲間とするのは、あくまでことばのひろい意味でのことである。環境の場合と同じように、心をわきたたせるとか、深い感動をもたらすとかいったこと、つまり、心への影響、の方に重点をおいてみるかぎり、ことばや、狭い意味での記号に似てくるというだけのことである。

ただし、自然環境の場合とちがうのは、美術品の場合には、人間である作者がいるということである。美術品の鑑賞の時、作者の意図を直接意識することは必ずしも要求されないが、一応鑑賞が終ったところで、感動をもたらすために作者が試みたと思われる技巧をさぐってみたり、制作当時の作者の生活を調べてその影がどれほど色濃く作品の上に落されているかをさぐってみたりすることには、それなりの興味もありえよう。このようなことを「解読」しようとする人には、作品は暗号のようなものになっている。近頃は、作者の意図とは関係なく、また、伝統的な解釈からは想像できないような、新奇な意味の読取りをすることもはやっているようである。

第13章　楽譜と音楽

1　歌

音楽は、美術とならぶ芸術の二大分野である。美術の場合と同様その起源には宗教と密接に関係する面があったものと思われる。現在でも、多くの宗教がその典礼の音楽を用いている。このように、儀式にともなう音楽の場合、その全体や、部分、部分に、象徴的な意味が帰せられるのは当然のことであり、この点に着目して音楽の記号論を始めることもできる。しかし、現代では、宗教とあまり関係のない生活を送っている人も多いことであるから、ここでは宗教音楽のことにはあまり立入らないことにする。

同じく起源に関することでいい落してはならないのは、音楽がもともとことばによる歌をともなうことが多かった、というよりも、歌の伴奏としてかなでられることが多かったということである。今では、日本でも、ヨーロッパ由来の音楽の影響が圧倒的に大きく、しかも近世以後のヨーロッパ音楽の作品には、歌をともなわない、器楽曲や、管弦楽のようなものが多いので、音楽の主流はことばとの直接の関連を絶った、「絶対音楽」であるかのように考える傾向が生じがちであるが、現代でも多くの文化圏では、歌とともにかなでられる音楽の方が、むしろ普通である。したがって、ことばのはたらきを音楽がどのようなかたちでおぎない、強め、時にはゆがめ、さまたげるのか、といった興味深い問題が生ずるのであるが、これに立入ることも、紙数の関係で省略せざるをえない。ただ、ヨーロッパにおいても、昔は音楽は歌や舞踏とともに奏せられるものだったことは忘れてはならない。現代でもオペラやミュージカルのようなものをヨーロッパ系統の音楽の中の有力な分野としているし、声楽は、もちろん歌詞をともなうのが普通である。

2 楽譜

歌詞を書きとめておくことはずいぶん昔から行われていたようである。文字ができる前に口づてに伝わっていたものが後になって書物になったものもある。しかし、それがどういう節でうたわれていたかということになると、大昔に歌われていたものについては手がかりがまったくないものが多い。しかし、楽譜がつくられるようになってからは、譜が残っているものについては、節の復元はたやすいことになった。特にヨーロッパの音楽作品は、近世以後、譜とともに発表されるのが通例となったため、ヨーロッパ音楽の影響の強い日本では、音楽といえば楽譜がつきものなのが本来の姿だと考える人も多いようである。しかし、ヨーロッパ以外の文化圏では、必ずしも譜をともなわずに音楽がつくられ、演奏されることはまれではないし、特に即興性が重んぜられるところでは、一回、一回の演奏の採譜が仮に可能であっても、そのことに大きな意義はみとめないことも多いようである。人類学的な興味などから民族音楽を採集して歩く人にとっては、最近ではテープ・リコーダやヴィデオ・カメラのような便利なものができたので、必ずしも採譜をしなくとも、楽譜よりもっと実際の演奏に近いかたちの記録ができるようになっている。もし、音楽の発生当時からこのような機器があったとしたら、楽譜は発明されなかったかも知れない。つまり、楽譜は始めてもちいられるようになった頃は、不完全な録音器の役目をしていたものと考えられるが、このような機器の開発がずっと後代のことだったため、その間に独自の発展をとげ、記号論にとっても興味ある問題を提出することになったのである。なお、初期の楽譜には音の高低を線でなぞった、連続的なかたちのものがあるが、この章では、近世以後、ヨーロッパ音楽の作品につかわれ、現代の日本でもひろく流通しているかたちのもの、いわゆる五線譜や、これを縦につらねてできている総譜のようなものを中心に話を進めていくことにする。

3 ことばとの比較

目で見たことを口頭で報告する時の発言は、感覚的にいえば、見られた状況とは似ても似つかないものである。第一、一方は視覚でとらえられたものであるのに、他方は聴覚にうったえるものである。それでも、その発言が正確なものとみとめられることがあるのは、前にのべたように、ことばの着物をきせてものごとをとらえることが一般化しているからであろう。

文字が発明されてから、口頭の報告はしばしば文書のかたちで記録されるようになったし、報告が始から文章のかたちで行われることもめずらしくなくなった。さて、文字をおぼえる子供は本を読むのに音読から始めるのが普通である。最初は一字一字ひろいながら、たどたどしく読上げていく。耳にきこえる自分の声がことばによる表現になっていることをたしかめるというフィード・バックがなければ書いてある内容を理解することもむずかしいのだろう。しかし、やがて読書になれてくると、黙読を覚える。普通の人の場合、黙読の方が音読の場合よりもはるかに早く読めるようになるということもあって、黙読の習慣は、たとえば日本の場合ひろく行われている。電車の中で本を読んでいる人は多いが、音読している人はめったにみかけない。そうして、黙読の場合、意識して頭の中で文字に対応する声をきいている人も少いようである。一旦、黙読することをおぼえると、外国語を学ぶ時いきなり黙読から入り、発音のことはまったく気にしないで、そのことばで書かれた本の内容が理解できるようになるということもある。

さて楽譜の場合であるが、これは本来演奏されるべきものとして書かれているものである。つまり、文字で書かれたものの場合でいえば、音読を目的としているものである。しかし、譜を読むのになれた人は、黙読することもできる。また、作曲家は、必ずしも譜に書いている音をいちいちききながら作業を進めているとは限らないのである。メロディーを口ずさむことさえしないで作曲をすることもあるようである。こういう場合、黙読する人や、作曲家の心、あるいは、頭の中で音楽は鳴っているのだろうか。音楽の専門家二人にきいてみたところ、興味深いことに、それぞれ正反対の答が返って来た。一人は、「現実に音は鳴っていなくとも、心の耳で音をきいているはずであり、さもなければ、譜を読んだり、作曲したりする意義はない」といった。もう一人は、「音楽の内容というものは、本来抽象的なもので、物理的な表現手段にはこだわらないものである。演奏したり、譜に書いたりするのは、それぞれ表現手段の一つに過ぎない。初心者は、実際の演奏をきいたり、自ら試みたりすることから音楽に近づくのが便利であろうが、やがて音楽をよく理解するようになれば、表現手段を離れて音楽そのものを楽しむことを覚えるはずである。きく力を失った作曲家がその後も傑作を書いたということは、このことを知れば、不思議なことではなくなる」といった。それぞれの体験に裏打ちされての発言であろうから、どちらが正しく、どちらがまちがっているというものでもなかろうが、ここで特に興味深いのは、後の方の発言である。とにかく、このように音楽をとらえている人の場合は、譜と文字で書かれた文章との類比がより完全なかたちでなりたつのであるから。そうして、楽譜のない文化圏の音楽家で同じような考え方をする人がいないかどうかを調べてみるのも興味深いことではないかと思われる。なお、現在のかなり進歩した楽譜でも、音色の詳しい規定などはできないので、コンピュータで制御されているシンセサイザのためのプログラムにくらべれば、実際の演奏のかたちの指定という点ではおとるわけであるが、写実画とならんでことばによる風景描写が今なお価値のあるものとしてみとめられていることを考えると、楽譜を表現手段とする、しかし、楽譜とはべつの抽象的なものとしての音楽というものを考える人がいることに不思議はないのかも知れない。

4 さまざまな問題

楽譜がコンパクト・ディスクほど忠実な録音システムではないということから、楽譜で発表された作品と聴衆との間に演奏家の解釈が介在してくるという事情が生ずる。この時、演奏家の役割は何なのかということがよく問題になる。楽譜の不完全性のために全部は伝わっていない作曲家の意図をできるだけ忠実に推察し、その推察に即して演奏するのがよい演奏家なのか、それとも演奏にあたっては、楽譜では不定のままに終っているところには自由な解釈をくわえ、いわば第二の作曲家として行動することが期待されているものなのか。似たような問題は、裁判官の条文解釈をめぐっても提起されることがある。

また、鑑賞する側の問題としては、音楽の音のはこびに神経を集中してきいている人が音楽の内容をとらえたことになるのか、それとも演奏をきくことによってよびおこされるさまざまな連想を楽しむ人こそ音楽の愛好者だということになるのか、をめぐっても、異論がたたかわされることがある。もちろん、趣味の問題として考えれば、音楽の楽しみ方は、それぞれの人の自由であって、どのようにきくのが正しいなどということはきめつけるべきことではないであろう。ただ、楽しみ方についてこのように意見がわかれるということは、音楽においてどの部分に記号作用をみとめるか、また、記号とみとめられた部分の役割をほかの記号の役割とどのていど類比的にとらえるかということについても意見がわかれていることを示しているのだということに注意しておきたい。

音楽と記号との関係については、このほかにもいくつも興味深い問題があるが、これについては、読者自ら探し求め、考えてみることをすすめたい。最後に一つ注意しておきたいことは、楽譜は、せまい意味での記号に数えてよいと思われるが、ほかのせまい意味での記号の多くとちがって、日常生活につかわれている自然言語との関係は比較的うすいということである。それでも、論理記号などとの類似点を多数みてとることができる。コンピュータに演奏させたり、作曲させたりすることが比較的たやすいのもここから来ていることである。

第14章　自然と記号

1　天文気象

空に浮き、悠然と流れて行く雲を眺めていると心がくつろいでくることがある。心をしずめてくれることばと似たはたらきを自然の風景が果してくれる一例である。しかし、雲の動きはもっと実用的な目的につかわれることもある。雲見の名人といわれる人の天気予報はしばしば気象庁のものよりもあてになることがあるといわれる。もっともこれはその名人が長年住んでいる地方でのことで、ひろい範囲を旅行してまわる人などはやはり気象庁の予報を参考にせざるをえない。この気象庁の予報はいうまでもなくことばのかたちで発表される。つまり、雲見の名人にとっての雲のたたずまいと、一般の人にとってのことばによる天気予報とは、未来の気象を告げてくれるという点で同じようなはたらきをしているのである。この意味で、雲のたたずまいがひろい意味での記号にかぞえられることがある。

同じく空にみられるもので、夜かがやく星の配置も未来の予測に役立つと考えられた時代もあった。この場合予測されるのは天気ではなく、個人の運命、戦争の勝ち負け、天災地変といったものだったが、この占星術のために昔は専門家が高給で方々の君主に召しかかえられていたという。この時代には占星術者にとって星の配置は、やはり未来を知らせてくれる記号だったのだろう。

2 解読

占星術は今でも一種の遊びとしては時々人気の的となるが、真面目にこれを信じている人はあまり多くはないようである。現在の日本では、気象庁は税金で運営されているが、占星術庁という役所はない。しかし、占星術を前身とするといわれる天文学は、国立大学で教えられ、研究されているし、国立の天文台もある。天文学も星、月、太陽などの天体の運行を精密に観測することから始ったものといえるが、このような観測の結果を「読む」目的は、必ずしも未来を知るためではなく、むしろ宇宙の構造を知るためであったといえる。もちろん、天文学も未来のことについても時々教えてはくれる。日食や月食についての予報はきわめて正確である。彗星の来訪についてもほぼいつ頃ということについてはかなりくわしいことを正確に予報してくれる。期待していた彗星はあらわれず、流星群がおとずれたということもあったが。また、遠い将来宇宙がどうなって行くかということについてもいろいろ興味深い話を教えてくれる。もっとも、こちらの話の方は、「天文学の進歩」によって、しばしば筋書がかわるのであるが、気の遠くなるような未来についての予報がどうかわっても日常の生活にはあまり影響がないせいか、このことで天文学者をとがめる人はあまりいないようである。この点、明日の天気の予報をするのを仕事にしていて、はずれた場合人々の非難がましい視線を浴びなくてはならない予報官の方は多少割のあわない感じがしているのではあるまいか。

現在の天文学は、肉眼や光学的望遠鏡でいわば視覚的にとらえられる現象だけではなく、電波やX線でとどく情報も、宇宙の構造、状態についての記号の仲間にいれて、その解読に力をそそいでいる。観測結果は多く数値のかたちで表現され、その「解読」はさまざまの計算や数式処理によって行われる。この、数字や計算と縁が深いというのは、占星術以来のことである。昔は天文学は数学の一種とされているぐらいであって、現代でも数学の一分野である微分幾何学の教科書には、宇宙論のための物理学としてアインシュタインによって始められ、天文学で利用されている、一般相対性理論についての章がふくまれているものがある。つまり、天文学者にとっての記号は、数学のことば、つきつめていえば論理記号だけでつくられるはずのことばに、ただちに翻訳されるのである。無人の宇宙探査機が送ってくる情報は始から数値の羅列のかたちをしているという。解読の結果が数学的な表現のままであっても、おそらく専門家には、それが宇宙についての興味深い情報となるのであろう。しかし、一般の人には、それだけでは何のことかさっぱりわからない。そこで数式的な部分をなるべく省き、主として自然言語で書かれた解説が出版されることになる。このような解説は学問の結果を一般の人のものにするという意味で貴重なものであるが、自然科学の成果の自然言語だけによる記述が誤解の種にもなるという事情はここでもつきまとう。たとえば一般相対性理論による宇宙モデルには宇宙の大きさを有限のものとするものがいくらもありうるということは、自然言語による解説だけを読んでいる人にはなかなか了解が行かないようである。

いずれにせよ、天文学の成果が一般の人に達するまでには、おおざっぱにいって、四重の記号構造があるわけである。すなわち、肉眼、あるいは観測機器によってとらえられる現象、その数値による表現、それをもとにして数学的処理をへてできあがった理論、その自然言語による翻訳、である。天気予報についても、特に数値予報の技術が開発されて以来、このことはあてはまるようになったであろう。さて、天文学の主な任務は、宇宙の構造を記号をとおして読みとることだといったが、その解読の正しさはどのようにして保証されるのであろうか。宇宙旅行に人間がでかけることが可能になりかかっている現在では、実際に宇宙の様子を調べてみることによって、その正しさを確かめることができる場合もないではない。たとえば、月にアポロに乗ってでかけていった宇宙飛行士は実地に月の様子を肉眼で(といってもやかましくいえば宇宙服の顔面マスクを通してであろうが)確めることができた。しかし、当分のあいだ、太陽系の地球以外の惑星に人間がでかけていくことはなさそうだし、太陽系の外に人間が行くことは、仮にあるとしてもはるかに遠い未来のことのようだ。まして、宇宙の始や終に人間が立会うということは考えられないことである。

従来、「解読」の意味の説明として行われて来たのは、「主として数値のかたちで与えられている観測結果を矛盾のないかたちで説明する話が、正しい解読結果となる」とするものである。しかし、矛盾のない説明というものは必ずしも一通りとは限らない。そのなかで、一つだけが取られて他が捨てられるのはどういう根拠によってのことであろうか。たとえば、コペルニクス、ケプラ、ガリレオ以来、天動説は捨てられて、地動説が採用されたといわれているが、この時の天動説と地動説との対立が、現代時々行われている解説がいうように、運動記述の原点を地球にとるか、太陽にとるか、だけのことなら、一方の説に矛盾がなければ他方にも矛盾がないことになる。解析幾何学をならった人ならだれでも知っているように、座標系の原点の変換は簡単な計算によっていつも可能だからである。また、観測結果である数値との整合性についていえば、惑星の軌道を円としていたコペルニクスの地動説は必ずしも正確なものではなかった。さもなければ、ケプラが苦心して楕円軌道のことを考え出す必要はなかったであろう。コペルニクス、ケプラ、ガリレオがそれぞれ地動説を採用するようになった根拠は必ずしも同じものではなかった。この点についての詳しいことは科学史の書物にゆずることにするが、たとえばケプラの場合についていえば、彼の有名な三法則は、現代においても近似的に正しいものとして通用しているが、これを考え出す時、彼を導いた哲学は、現代の科学者によってはもはや奉ぜられていないものといってよいであろう。つまり、「解読」の作業の時指針となるものは、時代により、研究者により、さまざまである。もちろん、時代と文化圏と分野とを狭く限定すれば、その中の研究者の大部分によってみとめられている指針は一様にきまっていることが多いが、この一様性も時間とともに変化して行くのが普通である。

3 自然科学の優位

すでに観測された結果を複数の説がそれぞれ矛盾なく説明できる場合、その優劣はどの説が予測力においてまさっているかによって決まるとする考え方もある。しかし、天気予報はよく知られているように必ずしも常にあたるとは限らない。時には、現代の自然科学とはちがった自然観を奉じている人の予報の方が、気象台の予報よりもあたるということもあるようである。しかし、だからといって、人々の自然科学に寄せる信頼が目にみえておとろえているというわけではないようである。時に気象庁の天気予報がはずれることが冗談の種になることはあるにせよ、だからといって気象庁の予報の基礎となっている学問を自然科学から別のものにとりかえようという世論が高まるわけではない。占星術による予報が時にこわいほど当った例があるという話もあるのに、占星術に対する信頼は今のところ復興する見込みはない。つまり、自然科学は、現代の日本において、中世ヨーロッパにおけるキリスト教的世界観のように一般の人達によってかなり無批判に支持され受け入れられているのである。こうなった理由は、おそらく、鎖国時代の末期から開国時代にかけてヨーロッパの技術の発達に感銘をうけた政府が、この技術の進歩の秘密を自然科学に求め、批判力の弱い子供の頃から自然科学を真理として受けいれさせるように教育することにきめた結果であると考えられる。

最近、特に欧米において自然科学がほかの自然観にくらべて絶対的な優位を保っているのが妥当なことかどうかを疑う議論が出て来ている。欧米の思想界の動きに敏感な日本においても、この動きに呼応する議論が目だつようだ。無批判に受け入れられてきたものについてあらためてその根拠を問うというのは悪いことではないが、自然科学の優位を証明するのが必ずしもやさしくはないということが、自然科学出現以前に栄えていた自然観を復興するべきであるとする議論にただちにつながらないことはもちろんである。

予測において必ずしも万能ではないにかかわらず、また、しばしば、その内部で学説の大きな変化がみられるのにかかわらず、自然科学が時代がくだるほど多くの文化圏で受け入れられているという状況にはそれなりの理由があるものと思われる。現象の、予測はともかく、記述において、あつかいやすい記号体系をつかっているということもその一つである。自然言語ないしこれに近い呪文ですべてを記述するという方式によって自然の記述をしていたのでは、たとえばコンピュータの助けを借りて自然の研究を行うことが今ほど能率よく行くかどうかははなはだ疑問である。しかし、自然科学の優位が果して、あるいは、どこまで正当化できるかという問題に立入ることはこの本の範囲をこえる。

4　実在

この章は気象学と天文学の話から始ったが、前節の議論が自然科学全体についてあてはまることは明かなことと思う。

さて、心の状態が、その持ち主以外のものにとっては記号のかたまりにほかならないとする考え方が成立しうることを前にのべた。心理学や、哲学では、「行動主義」と呼ばれる立場でこの考え方がとられ、学界で有力なものとなったこともある。しかし、一般の人々の気持としては、記号はあくまで心の状態を知るための手がかりであって、心は記号とは独立に厳然として存在しているとする考え方が捨切れないのではなかろうか。

自然科学の行っていることについても、同様な状況が成立している。「記号の解読」

において自然科学者が行っていることは、記号と整合的な話を何らかの指針にもとづいてつくりあげることである。それ以上の意義をこの作業にみとめない科学者、哲学者の数もそう少いものではないが、科学の専門家以外の人は、それ以上の意味を与えたくなるのではなかろうか。つまり、自然科学は世界の真相を教えてくれる学問だとして信頼を集めているのではないであろうか。

このように、記号を実在の世界についての手がかりとする考え方は、至るところに顔を出すもので心理的には根強いものといってよい。そうして生理学の成果を相対的真実とみとめて記号論を展開しようとする時には、この考え方は根本前提の一つとなっている。しかし、自然科学が他の自然観と競合する位置にあること、自然科学の内部においてもしばしば「革命的」と呼ばれるほど大きな変化が起きることを考慮にいれた上で、「自然科学全体が示しているはずの実在はどのようなものか」ときかれても、答を与えることはむずかしい。最新の成果を提示して「これが実在の姿だ」とことばでいうことはやさしいが、そういいきることは自然科学が将来において革命的に変化する可能性をあらかじめ封ずることであって、科学史を多少ともかじった人には、賢明なこととは思われないであろう。

第15章　終に

1　1つの図式

以上、14章で論じたことは、結局記号が何ごとかについてのべているとみえる事態の分析をめぐっての問題であった。記号をめぐる問題は、もちろんこのほかにもいくらでもある。が、そちらの方に話をひろげなかったのは、この問題だけでもさまざまな複雑な側面を持っているからである。このことの復習をかねて、記号の伝達について常識的につかわれやすい図式のことを考えてみよう。

一人の人Aがある景色Bを眺めていて、その場にいない友人Cにそのことを手紙に書いて知らせるとする。このごくありふれた過程を次のように表現するのは、これもごく常識的なことであろう。Bを構成している物体から発した光、あるいは反射した光、がAの目に入り、さまざまな情報処理をへながら脳に到り、Aの心の中で像をむすぶ。Aはそのことを文字という記号をつらねて手紙に書き、Cに送る。Cの目にその文字から反射した光が入り、脳にいたる過程でやはりさまざまな情報処理をへた上でCの心に到り、Cはその内容を了解する。この図式の中でたとえば目から脳にいたる過程での情報処理は、目下活発な研究の対象となっていることがらであるが、まだ十分なことはわかっていない。まして一般の人がこの過程についてくわしい知識を持っているわけではなく、このような過程をへて心の中のことがらが生起すると推論するべきであるとするための根拠をきかれたら、十分な答ができる人もそう多くはないであろう。脳と心との関係についても専門家の間でさえさまざまな意見がある。こういった点に立入って論じて行くことにすれば、その一つ一つだけで何冊もの本の材料になる議論が出て来るであろう。常識とは、こういった議論を無造作に切り捨てて、独断的に図式を前提するところでなりたつものである。またそうした常識で生きていてふだんの生活に別に支障は起きない。しかし、脳死の状態にあるとされる病人の処置をどうしたらよいのかという道徳的な問題をめぐって、主観的な意識と物質としての身体との関係を十分納得の行くまで考え抜きたいという気持を起こした時には、常識人もこういった議論に直面せざるをえないことになるのである。もっとも、この本が書かれている時の情勢では、日本の社会はこの種の議論に深く立入ることはないまま、なりゆきにまかせて「社会的同意」に達する道をえらんでいるようにみえるが。

それはとにかく、たとえば、Cが読む文字の中に「山」という文字があるとする。このときの「山」という文字とは、その手紙の上に「山」のかたちをなして散らばっているインクの粉のことであろうか。しかしそのインクの粉の散らばりを目にした人物がその字を知っていなかったら、つまり、ほかの機会に目にしたことがある無数の、書かれたり、印刷されたりした「山」の字と同じかたちのものであることをみとめる能力がなかったら、このインクの粉の散らばりは「山」の字の役目をなさない。しかもそれだけでも十分ではない。Cが「山」の意味を了解しなくてはならない。その意味にはさまざまな連想がふくまれていなくてはならない。たとえば「山」が「川」の対概念であることを知らなくては「山」の意味を了解しているとはいえないであろう。しかし連想のことを勘定に入れるなら、Aにとっての意味とBにとっての意味とはかなりちがっている点が多いと考えるのが普通であろう。実はかたちについての知覚でさえ、AとCとでは同じとはかぎらないということは、幾何学の概念の解釈がいくらでもありうるということからも察せられることである。つまり、「山という字」といえば何か確定したものが指されているように思われるが、この字なるものが記号としての役割を果すべきである時にはかえってその内容は一口にはつくせない複雑なものとなるのである。いいかえると、「個々の記号」という概念は普通、記号論においては説明を要さないほどわかりやすい概念として議論の出発点に前提されることが多いものであるが、少し検討してみればなまやさしい概念ではないことがわかるのである。インクの粉の散らばりから抽象の梯子を何段ものぼらなくてはこれに達することはできないし、そののぼり方も決して単純なものではない。さらにくわしくいえば、記号をつかう個人を一人に限定した時でさえ、その個人にとって「個々の記号」という表現自体が一種の変項であって、時にはそれは単一の物理的な事象を指し、時には心理的事象を指し、時にはそういった事象の集合を指し、さらに集合の集合を指すこともある。

2 記号の変換

「心」が、少くとも現代の記号論においては欠くことのできない概念であることはすでにのべたとおりである(第7章参照)。しかし、「心同志はおたがいに相手の状態を直接知ることはできない」とする、この概念について今のところ公理として通用しているようにみえる主張を前提にすると、さきほどの図式において、Aの心からCの心に伝わるとされているものは何であるかを決めるのはたやすいことではなくなる。とにかく、Aの心に起ることと、Cの心に起ることとが同じものであるとする保証がどこにもないことは、この主張から自然に出て来る結論であるとしなくてはならない。それにもかかわらず、あの図式を成立させようとするならば、記号を介してのコミュニケイションで、Aの心の中のことがらが、Cの心の中のことがらに変換される過程であると考えなくてはならない。

目で見られた景色についての印象がことばによってつづられたかたちとなって記憶されるということについてもすでに注意しておいた。これも一種の変換である。この変換は昔から哲学者の注意をひいてきたものであるが、その過程についてのくわしいことを多くの人にとって満足のいくかたちでのべた議論はまだ出ていないといってよいであろう。多くの認識論はこの変換の事実を端的に事実としてみとめることから出発し、その後はもっぱらことばの領域にとじこもって議論を進めようとする。つまり、景色についてのかなり生な言語表現を景色そのものとおきかえ、この言語表現を洗練して行く過程で、この変換をおきかえようとする。認識論もことばでのべられる以上これはやむをえない便法というべきであろうが、この際、「生な表現」のとりかたに任意性があるだけ、認識論に恣意がつきまとうことは注意しておくべきことであろう。物質的なことがらでは今日では自然科学の領分となっているが、この種のことがらでも日常生活で体験されるものは自然言語によって記述される。しかし、それについての自然科学的な説明を求めれば、窮極的には人工言語によって表現されるべき記述を受取ることになる。この二つの記述は、本来同じことがらについての記述なのであるから、たがいに過不足なく翻訳可能なものと考えられがちである。しかし、実際にはこの翻訳はなかなか完全なかたちでは行われていないようである。自然科学者も始は自然言語だけでものごとを記述している子供だったのである。だから学生の時、この翻訳の不完全性の問題に気がついた経験をもっている人は結構いるようであるが、専門家になるにつれ、いつかそのことは忘れ、自然言語と人工言語との間の往復がきわめてなめらかに行くもののように信じ込んでしまうようである。

ただし、量子論の出現以後、古典的記述と量子論的記述との間の往復について似たような問題が生じて以後は、こちらの問題の方には注意を払いつづける物理学者もいる。唯物論の見地にたって、脳の状態とは別に心の状態をみとめまいとする立場の人々にとっては、心の状態について通常行われている記述をどのようにして物質だけについての記述に翻訳するかということをめぐって似たような問題が成立することになる。

複数の自然言語が同じことがらをあつかっているとされる時にも、翻訳をめぐっては似たような問題が成り立つのである。たとえば日本語と英語のように語法をかなり異にする二つの自然言語同志のあいだで完全な翻訳がありうるかということは、しばしば議論されることである。

3　読者へのすすめ

あつかうことがらの範囲をかなりせまく限定しても、さまざまな問題が生ずることは今までのべたことからわかったことと思う。そのため、この本の記述は、いきおい、総論的、つまり抽象的になったところが多い。しかし、各論なしの総論というのは空しいものである。ここまで読んできた読者には、自らこの欠をうずめてみることをすすめたい。たとえば、自然言語同志の翻訳が不完全なものに終るとされるのはどの点においてであるか、また、よい翻訳と悪い翻訳の区別はどこにあるのかを、具体的な例について考えてみるのもよいであろう。その際、自然言語の例としては必ずしも外国語をとらなくてもよい。日本語の方言同志の間のことを考えてもよい。関西弁を小ことばをつかいなれている人は、「関東のことばではどうしても表現できないことがある」とよくいう。その主張が正しいとして、その内容を関東弁しか話さない人に十分理解してもらえるであろうか。具体的な例までわかる人は実は関西弁のわかる人ではあるまいか。もしもそうなら、関西弁でしかいえないことというのは、言語表現と一体のものということになりそうであるが、言語表現そのものを表現「される」ことがらと同一視してしまえば、「表現」ということばの意味は失われてしまうのではないか。といったことを、実際の表現の例をあげながら論じてみるといったやり方もあるであろう。工科系の技術者の場合には、自分の専門分野で自然科学がどれほど実質的に役立っているか、むしろ経験則の方が重んぜられているのではないかということを発端にして考えていくことにより、人工言語同志のあいだの変換の問題についての各論の一つを取上げてみることができるのではなかろうか。

俳優を記号の一種とみたてることができることにも前にふれてある。芝居についても、音楽のばあいと同様、あるいはむしろもっと複雑な何重もの記号構造が考えられる。たとえば、脚本の作者や俳優や観客がそれぞれ経験したことのないことがらが演ぜられ、多大の感銘を与えるということがあるが、この時せりふが表現しているものは何なのかといったことも興味深い問題となる。

このように各論を取上げて行くと、「記号とは確定した何ごとかをのべようとしているものである」とする素朴な考え方は次第にゆらいで来てついにはこの考え方をまったく捨去りたくもなるであろう。たしかにこの考え方はそのままのかたちでは維持しにくいものである。そのことを示すのがこの本の目的の一つでもあった。しかし、この考え方に少くとも近いものが有効にはたらく局面もある。それはどういう局面か、その場合有効にはたらくとはいいかえればどういうことなのか、を具体的な例について考えてみるのもよいと思う。

記号論の中には、宇宙人との交信にどのような記号をつかったらよいかを考えるような実用的（？）なものもある。この本は直接の実用は何一つ目指したものではないが、以上に例示したような問題を読者自ら考えることによってその生活の上で何か参考になる結果がえられるとすれば望外の幸である。

文庫版あとがき

この本は、まえがきにもあるように、もともと放送大学での講義にともなう教材として、しかし、放送をみないで読むこともできるように書かれたものである。今度読み返してみて、放送とは独立に読めることを確かめたので、大筋はそのままにし、字句を多少修正して復刊することにした。ここでは、あらためてこの本のねらいをのべておきたいと思う。

森羅万象は、まことに多様で複雑である。この多様、複雑をそのまま受けいれて味わうのも楽しいことであるが、一方で基本となる単純なものを少数想定し、この単純なものの組みあわせとして複雑多様なものの構造を理解しようとする要求も昔からあったようである。化学における原子論、生物の遺伝学、言語における文法などは、この要求をみたすものとして登場し、成功をおさめたものの例になる。

論証についてこの要求をみたしているのが論理学である。そうして、論理学の想定する基本要素は、日常生活でつかわれていることばにもみられる、少数のごく簡単な語法である。たとえば、ひとつの命題を否定する語法、「今日は雨は降っていない」というときの

「ていない」で表現される語法である。これらの語法を記号化したものが論理記号である。この記号だけで、多くのながくて複雑な論証の構造が書きあらわせることが知られている。(この場合、「あらわせる」といっても人間がやれば、大変な時間がかかるだろうと思われると、本文では書いてある。初版以来流れた年月の中でコンピュータの進歩がいちじるしいので、今のコンピュータなら、こみいった論証の多くを論理記号だけですきまなく書きあらわせるそうである。しかし、人間が紙と鉛筆だけで書きあらわそうというのは、今でも実用的には無理な注文である。)

人間のことばの多くは、複雑多義で、生得のものでなければ、その学習に苦労が多いものである。論理記号の体系は、それにくらべれば、単語の数はごく少く、文法も簡単で、入門はたやすいものである。それだけに、ことばとしては貧弱なものとも思われる。ところが、意外に表現力があって、数学や自然科学の理論の多くが、この貧弱なことばで表現できることがたしかめられた。これは、人間と人間が表現したいとしているものごとの関係について重要な示唆をあたえていることだと思うので、この本は、まずこのことの解説から話を始めることにした。

そうして、そこからの話のながれというかたちで、ほかの重要な問題についての話にはいって行くことにした。

これらの問題について人々の意見がわかれているところでは、そのことを紹介した上で、どの意見をとるかは、読者にまかせることにしてある。

記号をめぐる問題は、この本でとりあげたもののほかにもいくつもある。また問題の論じ方もさまざまある。そういうものを網羅することは、小冊子のよくするところではないし、仮に紙数が大量に与えられていたとしても、そういうことを目指すつもりはない。つまり、この本は記号学概論ではなく、記号についての一つの論じ方の紹介といったものにすぎないのである。

この本の復刊をすすめて下さった上、校正などでお世話になった編集部の平野洋子さんにお礼を申しあげる。

二〇一七年九月

吉田夏彦

本書は一九八九年四月、放送大学教育振興会より刊行された。

不在の哲学　中島義道

言語を習得した人間は、自身の〈いま・ここ〉の体験よりも、客観的に捉えた世界の優位性を信じがちだ。しかしそれは本当なのか？　渾身の書下ろし。

先哲の学問　内藤湖南

途轍もなく凄い日本の学者たち！　江戸期に画期的な研究を成した富永仲基、新井白石、山崎闇斎ら10人の独創性と先見性に迫る。（水田紀久・佐藤正英）

思考の用語辞典　中山元

今日を生きる思考を鍛えるための用語集。時代の変遷とともに永い眠りから覚め、新しい意味をになって冒険の旅に出る哲学概念一〇〇の物語。

翔太と猫のインサイトの夏休み　永井均

「私」が存在することの奇跡性など哲学の諸問題を、自分の頭で考え抜くよう誘う。予備知識不要の「子ども」のための哲学入門。（中島義道）

倫理とは何か　永井均

「道徳的に善く生きる」ことを無条件には勧めず、道徳的な善悪そのものを哲学の問いとして考究する、不道徳な倫理学の教科書。（大澤真幸）

夜の鼓動にふれる　西谷修

20世紀以降、戦争は世界と人間をどう変えたのか。思想の枠組みから現代の戦争の本質を剔抉する。文庫化に当たり「テロとの戦争」についての補講を増補。

ウィトゲンシュタイン『論理哲学論考』を読む　野矢茂樹

二〇世紀哲学を決定づけた『論考』を、きっちりと理解しその生き生きとした声を聞く。真に読みたい人のための傑作読本。増補決定版。

科学哲学への招待　野家啓一

科学とは何か？　その営みにより人間は本当に世界を理解できるのか？　科学哲学の第一人者が、知の歴史のダイナミズムへと誘う入門書の決定版！

論理と哲学の世界　吉田夏彦

哲学が扱う幅広いテーマを順を追ってわかりやすく解説。その相互の見取り図を大きく描きつつ、論理学の基礎へと誘う大定番の入門書。（飯田隆）

恋愛論　竹田青嗣

誰もが一度はあらがいがたく心を奪われる〈恋愛〉。人生の本質をなす、この不思議な力に迫り、人間の実存に新たな光を与えた名著。（菅野仁）

プラトン入門　竹田青嗣

哲学はプラトン抜きには語れない。近年の批判を乗り越え、普遍性や人間の生をめぐる根源的な思索者としての姿を鮮やかに描き出す画期的入門書！

統計学入門　盛山和夫

統計に関する知識はいまや現代人に不可欠な教養だ。その根本にある考え方から実際的な分析法、さらには陥りやすい問題点までしっかり学べる一冊。

論理学入門　丹治信春

大学で定番の教科書として愛用されてきた名著がついに文庫化！　完全に自力でマスターできる「タブロー」を用いた学習法で、思考と議論の技を鍛える！

論理的思考のレッスン　内井惣七

どうすれば正しく推論し、議論に勝てるのか。なぜ、どこで推理を誤るのか？　推理のプロから15のレッスンを通して学ぶ、思考の整理法と論理学の基礎。

日本の哲学をよむ　田中久文

近代を根本から問う日本独自の哲学が一九三〇年代に生まれた。西田幾多郎・田辺元・和辻哲郎・九鬼周造・三木清による「無」の思想の意義を平明に説く。

「やさしさ」と日本人　竹内整一

「やさしい」という言葉は何を意味するのか。万葉の時代から現代まで語義の変遷を丁寧にたどり、日本人の倫理の根底をあぶりだした名著。（田中久文）

日本人は何を捨ててきたのか　鶴見俊輔／関川夏央

明治に造られた「日本という樽の船」はよくできた「樽」だったが、やがて「個人」を閉じ込める「檻」になった。21世紀の海をゆく「船」は？（髙橋秀実）

カント入門講義　冨田恭彦

人間には予めものの見方の枠組がセットされている——平明な筆致でも知られる著者が、カント哲学の本質を一から説き、哲学史的な影響を一望する。

ニーチェ
G・ドゥルーズ
湯浅博雄訳
〈力〉とは差異にこそその本質を有している――ニーチェのテキストを再解釈し、尖鋭なポスト構造主義的イメージを提出した、入門的な小論考。

ヒューム
G・ドゥルーズ／アンドレ・クレソン
合田正人訳
ロックとともにイギリス経験論の祖とあおがれる哲学者の思想を、二〇世紀に興る現象学的世界観の先どり、《生成》の哲学の嚆矢と位置づける。

カントの批判哲学
G・ドゥルーズ
國分功一郎訳
近代哲学を再構築してきたドゥルーズが、三批判書を追いつつカントの読み直しを図る。ドゥルーズ哲学が形成される契機となった一冊。新訳。

スペクタクルの社会
ギー・ドゥボール
木下誠訳
状況主義――「五月革命」の起爆剤のひとつとなった芸術＝思想運動――の理論的支柱で、最も急進的かつトータルな現代消費社会批判の書。

論理哲学入門
E・トゥーゲントハット／U・ヴォルフ
鈴木崇夫／石川求訳
論理学とは何か。またそれは言語や現実世界とどんな関係にあるのか。哲学史への確かな目配りと強靭な思索をもって解説するドイツの定評ある入門書。

ニーチェの手紙
茂木健一郎編・解説
塚越敏／眞田収一郎訳
哲学の全歴史を一新させた偉人が、思いを寄せる女性に綴った真情溢れる言葉から、手紙に残した名句まで――書簡から哲学者の真の人間像と思想に迫る。

存在と時間 上・下
M・ハイデッガー
細谷貞雄訳
哲学の根本課題、存在の問題を、現存在としての人間の時間性の視界から解明した大著。刊行時すでに哲学の古典と称された20世紀の記念碑的著作。

ドストエフスキーの詩学
ミハイル・バフチン
望月哲男／鈴木淳一訳
ドストエフスキーの画期性とは何か？《ポリフォニー論》と《カーニバル論》という、魅力にみちた二視点を提起した先駆的著作。（望月哲男）

表徴の帝国
ロラン・バルト
宗左近訳
「日本」の風物・慣習に感嘆しつつもそれらを〈零度〉に解体し、詩的素材としてエクリチュールとシーニュについての思想を展開させたエッセイ集。

ソフィストとは誰か？　納富信留

ソフィストは本当に詭弁家にすぎないか？　哲学成立とともに忘却された彼らの本質を精緻な文献読解により喝破し、哲学の意味を問い直す。（鷲田清一）

哲学の誕生　納富信留

哲学はどのように始まったのか。ソクラテスとは何者かをめぐる論争にその鍵はある。古代ギリシアにおける哲学誕生の現場をいま新たな視点で甦らせる。

西洋哲学史　野田又夫

西洋を代表する約八十人の哲学者を紹介しつつ、哲学の基本的な考え方を解説。近世以降五百年の流れを一望のもとに描き出す名テキスト。（伊藤邦武）

ナショナリズム　橋川文三

日本ナショナリズムは第二次大戦という破局に至るほかなかったのか。維新前後の黎明期に立ち返り、その根源ともう一つの可能性を問う。（渡辺京二）

入門　近代日本思想史　濱田恂子

文明開化以来、日本は西洋と対峙しつつ独自の哲学思想をいかに育んできたのか。明治から二十世紀末まで、百三十年にわたる日本人の思索の歩みを辿る。

忠誠と反逆　丸山眞男

開国と国家建設の激動期における、自我と帰属集団への忠誠との相剋を描く表題作ほか、幕末・維新期をめぐる諸論考を集成。（川崎修）

気流の鳴る音　真木悠介

カスタネダの著書に描かれた異世界の論理に、人間ほんらいの生き方を探る。現代社会に抑圧された自我を、深部から解き放つ比較社会学的構想。

日本流　松岡正剛

日本文化に通底しているもの、失われつつあるものとは。唄、画、衣装、庭等を紹介しながら、多様で一途な「日本」を抽出する。（田中優子）

五輪書　宮本武蔵　佐藤正英校注／訳

苛烈な勝負を経て自得した兵法の奥義。広く人生の修養・鍛錬の書として読まれる。『兵法三十五か条の書』『独行道』を付した新訳・新校訂版。

考える力をつける哲学問題集
スティーブン・ロー
中山元 訳
宇宙はどうなっているのか？　心とは何か？　遺伝子操作は許されるのか？　多彩な問いを通し、「哲学する」技術と魅力を堪能できる対話集。

プラグマティズムの帰結
リチャード・ローティ
室井尚ほか訳
真理への到達という認識論的欲求と、その呪縛からの脱却を模索したプラグマティズムの系譜。その戦いを経て、哲学に何ができるのか？　鋭く迫る！

知性の正しい導き方
ジョン・ロック
下川潔 訳
自分の頭で考えることはなぜ難しく、どうすればその困難を克服できるのか。近代を代表する思想家が、誰にでも実践可能な道筋を具体的に伝授する。

ニーチェを知る事典
渡邊二郎
西尾幹二 編
50人以上の錚々たる執筆者による「読むニーチェ事典」。彼の思想の深淵と多面的世界を様々な角度から描き出す。巻末に読書案内（清水真木）を増補。

概念と歴史がわかる
西洋哲学小事典
生松敬三／木田元／伊東俊太郎／岩田靖夫編
各分野を代表する大物が解説する、ホンモノかつコンパクトな哲学事典。教養を身につけたい人、議論したい人、レポート執筆時に必携の便利な一冊！

命題コレクション　哲学
坂部恵
加藤尚武 編
ソクラテスからデリダまで古今の哲学者52名の思想について、日本の研究者がひとつの言葉（命題）を引用しながら丁寧に解説する。

命題コレクション　社会学
作田啓一
井上俊 編
社会学の生命がかよう具体的な内容を、各分野の第一人者が簡潔かつ読んで面白い48の命題の形で提示した、定評ある社会学辞典。　（近森高明）

貨幣論
岩井克人
貨幣とは何か？　おびただしい解答があるこの命題に、『資本論』を批判的に解読することにより最終解答を与えようとするスリリングな論考。

二十一世紀の資本主義論
岩井克人
市場経済にとっての真の危機、それは「ハイパー・インフレーション」である。21世紀の資本主義のゆくえ、市民社会のありかたを問う先鋭的論考。

工場日記
シモーヌ・ヴェイユ
田辺保訳
人間のありのままの姿を知り、愛し、そこで生きたい――女工となった哲学者が、極限の状況で自己犠牲と献身について考え抜き、克明に綴った、魂の記録。

論理哲学論考
L・ウィトゲンシュタイン
中平浩司訳
世界を思考の限界にまで分析し、伝統的な哲学問題すべてを解消する――二〇世紀哲学を決定づけた著者の野心作。生前刊行した唯一の哲学書。新訳。

青色本
L・ウィトゲンシュタイン
大森荘蔵訳
「語の意味とは何か」。端的な問いかけで始まるこのコンパクトな書は、初めて読むウィトゲンシュタインとして最適な一冊。（野矢茂樹）

法の概念〔第3版〕
H・L・A・ハート
長谷部恭男訳
法とは何か。ルールの秩序という観念でこの難問に立ち向かい、法哲学の新たな地平を拓いた名著。批判に応える「後記」を含め、平明な新訳でおくる。

解釈としての社会批判
マイケル・ウォルツァー
大川正彦／川本隆史訳
社会の不正を糺すのに、普遍的な道徳を振りかざすだけでは有効でない。暮らしに根ざしながら同時にラディカルな批判が必要だ。その可能性を探究する。

ポパーとウィトゲンシュタインとのあいだで交わされた世上名高い10分間の大激論の謎
デヴィッド・エドモンズ／ジョン・エーディナウ
二木麻里訳
このすれ違いは避けられない運命だった？　二人の思想の歩み、そして大激論の真相に、ウィーン学団の人間模様やヨーロッパの歴史的背景から迫る。

大衆の反逆
オルテガ・イ・ガセット
神吉敬三訳
二〇世紀の初頭、《大衆》という現象の出現とその功罪を論じながら、自ら進んで困難に立ち向かう《真の貴族》という概念を対置した警世の書。

死にいたる病
S・キルケゴール
桝田啓三郎訳
死にいたる病とは絶望であり、絶望を深く自覚し神の前に自己をすてる。実存的な思索の深まりをデンマーク語原著から訳出し、詳細な注を付す。

ニーチェと悪循環
ピエール・クロソウスキー
兼子正勝訳
永劫回帰の啓示がニーチェに与えたものは、同一性の下に潜在する無数の強度の解放である。二十一世紀にあざやかに蘇る、逸脱のニーチェ論。

哲学ファンタジー
レイモンド・スマリヤン
高橋昌一郎訳

論理学の鬼才が、軽妙な語り口ながら、切れ味抜群の思考法で哲学から倫理学まで広く論じた対話篇。哲学することの魅力を堪能しつつ、思考を鍛える！

反解釈
スーザン・ソンタグ
高橋康也他訳

《解釈》を偏重する在来の批評に対し、《形式》を感受する官能美学の必要性をとき、理性や合理主義に対する感性の復権を唱えたマニフェスト。

言葉にのって
ジャック・デリダ
林好雄／森本和夫／本間邦雄訳

自らの生涯をたどり直しながら、現象学やマルクスとの関係、嘘、赦し、歓待などのテーマについて肉声で語った、デリダ思想の到達点。本邦初訳。

声と現象
ジャック・デリダ
林好雄訳

フッサール『論理学研究』の綿密な読解を通して、「脱構築」「痕跡」「差延」「代補」「エクリチュール」など、デリダ思想の中心的〝操作子〟を生み出す。

省察
ルネ・デカルト
山田弘明訳

徹底した懐疑の積み重ねから、確実な知識を探り世界を証明づける。哲学入門者が最初に読むべき、近代哲学の源泉たる一冊。詳細な解説付新訳。

哲学原理
ルネ・デカルト
山田弘明／吉田健太郎／久保田進一／岩佐宣明訳・注解

『省察』刊行後、その知のすべてが記された本書は、デカルト形而上学の最終形態といえる。第一部の新訳と解題・詳細な解説を付す決定版。

方法序説
ルネ・デカルト
山田弘明訳

「私は考える、ゆえに私はある」。近代以降すべての哲学は、この言葉で始まった。世界中で最も読まれている哲学書の完訳。平明な徹底解説付。

公衆とその諸問題
ジョン・デューイ
阿部齊訳

大衆社会の到来とともに公共性の成立基盤は衰退した。民主主義は再建可能か？ プラグマティズムの代表的思想家がこの難問を考究する。（宇野重規）

旧体制と大革命
A・ド・トクヴィル
小山勉訳

中央集権の確立、パリ一極集中、そして平等を自由に優先させる精神構造──フランス革命の成果は、実は旧体制の時代にすでに用意されていた。

記《き》号論《ごうろん》

二〇一七年十月十日　第一刷発行

著　者　吉田夏彦（よしだ・なつひこ）

発行者　山野浩一
発行所　株式会社　筑摩書房
東京都台東区蔵前二―五―三　〒一一一―八七五五
振替〇〇一六〇―八―四一二三
装幀者　安野光雅
印刷所　明和印刷株式会社
製本所　加藤製本株式会社

筑摩書房サービスセンター
埼玉県さいたま市北区櫛引町二―六〇四　〒三三一―八五〇七
電話番号　〇四八―六五一―〇〇五三

ISBN978-4-480-09824-5 C0110

ちくま学芸文庫